R 语言应用系列

A Beginner's Guide to R

R 语言初学者指南

〔英〕 阿兰·F·祖尔
Alain F. Zuur

〔英〕 埃琳娜·N·耶诺
Elena N. Ieno

〔荷〕 埃里克·H·W·G·密斯特
Erik H. W. G. Meesters

周丙常 王亮 译

西安交通大学出版社
Xi'an Jiaotong University Press

陕西省版权局著作权合同登记号　图字 25－2010－115 号

图书在版编目(CIP)数据

　R语言初学者指南/(英)祖尔(Zuur,A.F.),(英)
耶诺(Ieno,E.N.),(荷)密斯特(Meesters,E.H.W.G.)
著;周丙常,王亮译.—西安:西安交通大学出版
社,2011.9(2023.7重印)
　书名原文:A Beginner's Guide to R
　ISBN 978－7－5605－3942－3

　Ⅰ.①R…　Ⅱ.①祖…②耶…③密…④周…⑤王…
Ⅲ.①程序语言-程序设计　Ⅳ.①TP312

　中国版本图书馆 CIP 数据核字(2011)第 087243 号

书　　名	R语言初学者指南
著　　者	(英)阿兰·F·祖尔,(英)埃琳娜·N·耶诺,(荷)埃里克·H·W·G·密斯特
译　　者	周丙常　王　亮
策划编辑	李　颖
责任编辑	李　颖
出版发行	西安交通大学出版社 (西安市兴庆南路1号　邮政编码710048)
网　　址	http://ligong.xjtupress.com
电　　话	(029)82668357　82667874(市场营销中心) (029)82668315(总编办)
传　　真	(029)82668280
印　　刷	西安日报社印务中心
开　　本	720mm×1 000mm　　1/16　　印张 14.5　　字数 234 千字
版次印次	2011 年 9 月第 1 版　　2023 年 7 月第 12 次印刷
书　　号	ISBN 978－7－5605－3942－3
定　　价	46.00 元

如发现印装质量问题,请与本社市场营销中心联系。
订购热线:(029)82665248　(029)82667874
投稿热线:(029)82665397
读者信箱:banquan1809@126.com

译者序

　　本书的作者 Alain F. Zuur 博士，Elena N. Ieno 博士，Erik H. W. G. Meesters 博士长期从事 R 研究与培训工作，他们已经给超过了 5000 名生命科学家讲授了统计学。Alain F. Zuur 博士是一位资深统计学家，同时也是英国的一家统计咨询有限公司 Highland Statistics 的董事长，他与 Elena N. Ieno 博士均是英国阿伯丁大学生物科学学院海洋研究室荣誉研究员。Erik H. W. G. Meesters 是荷兰海洋资源和生态系统研究院的一名研究员。

　　本书讲述了 R 语言的基础知识，为了避免读者同时学习 R 与统计的困难，作者将统计方法维持在最低限度。本书注重理论与实践相结合，不仅在相关章节之后安排了习题，也在网站 www.highstat.com 提供了本书所有的数据集以及源代码。因此本书特别适合作为统计、经济、管理、生命科学等专业的本科生与研究生的教材或教学参考书，也可作为从事数据处理的研究人员的参考书籍。

　　本书前言、致谢、第 1 章、第 3 章、第 5 章、第 7 章、第 9 章以及索引由西北工业大学理学院周丙常老师翻译，第 2 章、第 4 章、第 6 章以及第 8 章由理学院王亮老师翻译。自动化学院于蕾老师参加了部分翻译工作，西北工业大学理学院与加拿大舍布鲁克大学联合培养博士生王亮参与了翻译稿的讨论，西安财经学院统计学院李爽老师以及西北工业大学概率统计教研室博士生孙春艳、岳晓乐、孙延格、刘迪、何美娟、戚鲁媛、郝孟丽和谷旭东等参加了全书内容的讨论及对于书中程序的试验运行，最后周丙常负责统稿全书。衷心地感谢西安交通大学出版社赵丽平编审的大力支持，以及李颖编辑对本书细致而全面的编校，使得本书顺利出版。最后，译文中难免存在纰漏，恳请读者批评指正并不吝赐教。

译者 于 西北工业大学

bczhou98@126.com

2011 年 6 月

前 言

完全不懂 R 的初学者

这本书为谁而写?

    自 2000 年以来,我们已经为超过 5000 名生命科学家讲授了统计学。这听起来似乎很多,事实确实如此,而且人数仍在迅速增加(虽然一些课程只有 6 名学生),有些课程有 200 名本科生。我们的大多数课程在欧洲讲授,但是我们也在南美洲、中美洲、中东和新西兰讲授课程。当然,在大学和研究机构教学意味着我们的学生几乎来自世界的任何地方。听课的学员包括本科生,但是大部分是理学硕士、研究生、博士后,或者资深科学家,以及一些顾问和非研究人员。

    这样的经历让我们广泛地了解了典型的生命科学家的统计知识。"典型的"这个词可能会引起误解,因为那些参加统计课程的科学家可能不熟悉这样的主题或者已经忘记。通常,与我们一起工作的人,正处在他们教育或者事业的某一阶段,并且已经结束了一个统计课程,其覆盖的主题诸如均值、方差、t-检验、卡方检验以及假设检验,也许还包括半小时的线性回归的学习。

    有许多介绍统计与 R 的书籍,但本书不处理统计问题,因为以我们的经验,同时讲授统计和 R 意味着两个陡峭的学习曲线:一个是统计方法,一个是 R 代码。这显然不在很多学生的承受范围之内。本书是为学习 R 基本介绍的人准备的。显然,"基本的"是含糊的;对一个人来说是基本的,可能对另外一个人是高级的。

    R 包含"你需要知道你在做什么"这么一个高要求内容,并且它的应用需要大量的逻辑思维。作为统计学家,很容易呆在象牙塔里,希望生命科学家敲我们的门并请求学习我们的语言。这本书尽量使用简单的语言。如果短语"完全的初学者"冒犯了你,我们道歉,但是它回答了这个问题:这本书是为谁而写?

这本书的所有作者都是 Windows 用户，他们对 Linux 和 Mac OS 的经验有限，但 R 在具有这些系统的计算机上也是可行的，并且我们提供的所有 R 代码在这些系统上均能正确运行。然而，可能在保存图形上有一点区别。非 Windows 用户也需要寻找一个替代 Tinn-R 的文本编辑器（第 1 章讨论你在哪里可以找到这些信息）。

本书使用的数据集

本书主要使用的是生命科学的数据。然而，无论你研究的领域和数据是什么，所给的程序都是适用的。所有领域的科学家都需要载入数据、处理数据、生成图形，并且最后进行分析，每一个案例的 R 命令都非常相似。一本 200 页的书不能提供一个范围很大的多样化的数据集类型。并且以我们的经验，大相径庭的例子会使读者混淆。最理想的方法可能是使用单独的一个数据集示范所有的方法，但是这可能会使很多人感到不易接受。因此，我们使用生态学数据集（例如，涉及植物、海底生物、鱼类、鸟类）以及流行病学数据集。

本书使用的所有数据集可以通过网站 www.highstat.com 下载。

Newburgh	阿兰・F・祖尔
Newburgh	埃琳娜・N・耶诺
Den Burg	埃里克・H・W・G・密斯特

致　谢

　　感谢 Chris Elphick 提供麻雀数据；Graham Pierce 提供鱿鱼数据；Monty Priede 提供 ISIT 数据；Richard Loyn 提供澳大利亚鸟类数据；Gerard Janssen 提供海底数据；Pam Sikkink 提供草原数据；Alexandre Roulin 提供谷仓猫头鹰数据；Michael Reed 和 Chris Elphick 提供夏威夷鸟类数据；Robert Cruikshanks，Mary Kelly-Quinn 和 John O'Halloran 提供爱尔兰河流数据；Joaquín Vicente 和 Christian Gortázar 提供野猪和鹿数据；KenMackenzie 提供鳕鱼数据；Sonia Mendes 提供鲸数据；Max Latuhihin 和 Hanneke Baretta-Bekker 提供荷兰盐度和温度数据；以及 António Mira 和 Filipe Carvalho 提供路边死亡数据。完整的参考文献在正文里给出。

　　这是我们在施普林格出版的第三本书，我们感谢 John Kimmel 给我们编写书的机会。我们也感谢所有课程参与者对素材的建议。

　　感谢 Anatoly Saveliev 和 Gema Hernádez-Milian 对早期书稿的建议以及 Kathleen Hills（The Lucidus Consultancy）对本书的编辑工作。

目　录

第 1 章

引 言

我们首先讨论如何获取和安装 R,并给出启动 R 时的使用和一般信息 P.1
的概述。1.6 节我们讨论编写代码的文本编辑器的使用,并给出了推荐使
用的一般工作模式。1.7 节的重点是使用帮助文件和新闻组获得帮助。安
装 R 和载入包在 1.8 节叙述,历史回顾和文献介绍放在 1.10 节。在 1.11
节,我们提供了一些阅读本书的一般性建议以及教师如何使用本书,在最
后一节,我们总结了本章介绍的 R 函数。

1.1　什么是 R?

这虽然是一个简单的问题,但是并不太容易回答。广义地定义,R 是
允许用户编辑算法并使用其它可编程工具的一种计算机语言。这种含糊
的描述适用于许多计算机语言,解释 R 能做什么或许更有益。在我们的 R
课程中,我们告诉学生,"R 可以做你想象的任何事情",这应该没有言过其
实。借助 R 你可以编写函数,进行计算,应用很多可获得的统计技术,生成
简单或者复杂的图形,甚至编写你自己的库函数。许多研究院、公司和大
学已经使用 R,有一个很大的用户组支持 R。在过去 5 年里,许多包括参考
R 和应用 R 函数进行计算的图书相继出版。重要的一点是 R 是免费使用的。

那么为什么不是每个人都在使用它? 这是一个容易回答的问题。R
有一个陡峭的学习曲线! 它的使用需要编程,并且尽管各种图形用户界面
存在,但是没有一个全面到足以完全避免编程。然而一旦你掌握了 R 的基
本步骤,你将不再喜欢使用其它相似的软件包。

R 中的编程与交互方法类似。因此,一旦你学会了使用,例如,线性回归,那么只需要修改一些选项或者在公式里做一些简单的改动就可以使代码适用于广义线性模型或者广义加法模型。另外,R 具有卓越的统计工具,几乎你需要的每一个统计术语都已在 R 中编程并且可以使用(作为主包的一部分或者用户捐献包)。

P.2

现在有许多讨论 R 与统计结合的书(Dalgaard,2002;Crawley,2002,2005;Venables 和 Ripley,2002;其它的见 1.10 节 R 图书的全部清单)。本书不讨论 R 与统计的结合。同时学习 R 与统计意味着双重学习曲线。基于我们的经验,这不是很多人能做到的事情。在那些我们一起讲授 R 与统计的场合,我们发现多数学生在他们的项目中,相比统计角度更关心 R 代码是否成功运行。因此本书提供 R 的基本用法而不涉及统计问题。然而,如果你希望同时学习 R 和统计,本书提供的 R 基础知识将有助于掌握程序中可以利用的统计工具。

1.2 下载和安装 R

现在我们讨论获取和安装 R。如果你的电脑上已经安装了 R,可以跳过这节。

出发点是 R 的网站 www.r-project.org。主页(图 1.1)展示了几幅漂

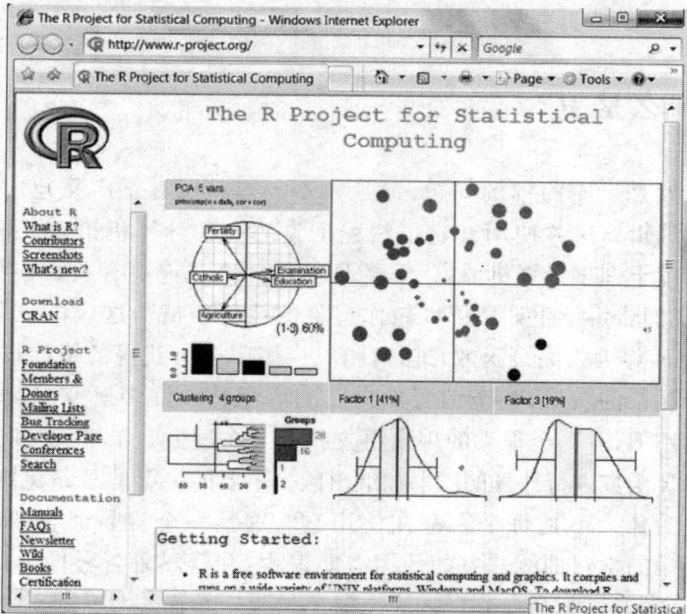

图 1.1　R 网站的主页

亮的图形作为欣赏,但是重要的部分是**下载**下的 **CRAN** 连接。这个神秘的 P.3
符号表示全面的 R 文档网络,它允许你选择一个能下载 R 的计算机网络。
这个站点有许多其它相关的材料,但是,此时我们只讨论如何得到 R 的安
装文件并把它保存到你的计算机上。

如果你点击 CRAN 链接,你将看到全球的网络服务器列表。离我们最
近的服务器是英格兰的布里斯托尔。选择布里斯托尔服务器(或其它任何
一个)会出现图 1.2 所示的网页。点击 Linux,MacOS X 或者 Windows 链
接出现窗口(图 1.3)允许我们选择**底层**(**base**)安装文件或者共享(contrib)
包。我们将在后面讨论包。现在,点击 **base** 标签的链接。

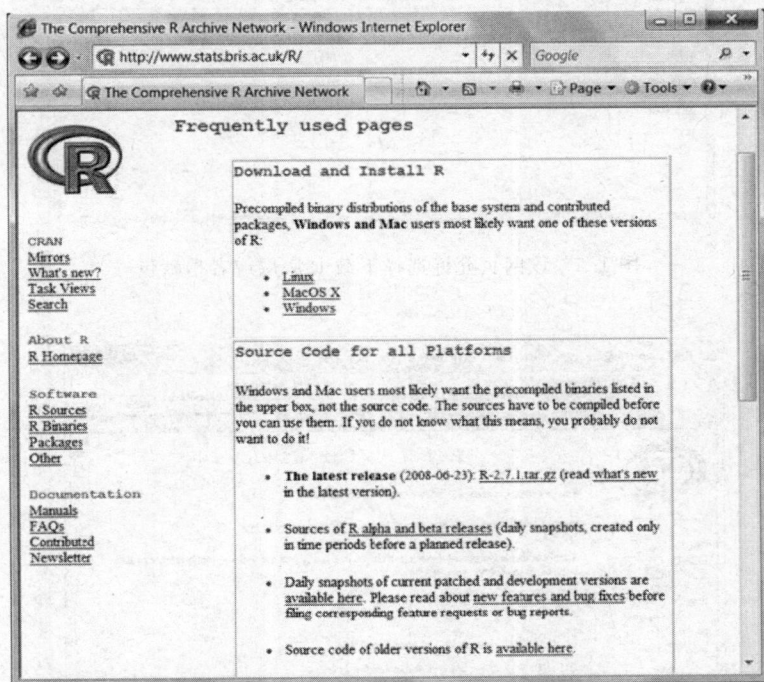

图 1.2　R 本地服务器的页面。点击 Linux,MacOS X 或者 Windows 的链
　　　　接则进入图 1.3 的窗口

点击 **base** 出现窗口(图 1.4),从这里我们可以下载 R。选择安装程序
R-2.7.1-win32.exe并且下载到你的电脑上。请注意,该文件的大小是
25~30 Mb,你想通过一根电话线下载也没什么问题。R 的新版本将有不
同的名称并且可能会大一些。

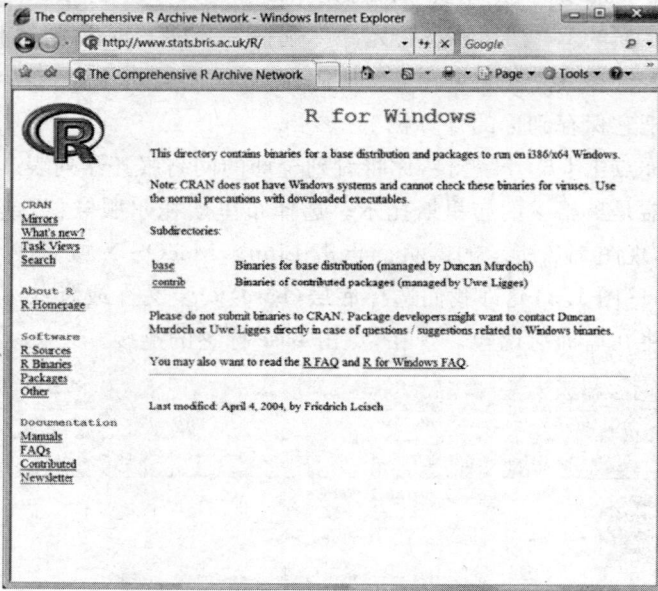

图 1.3 该网页允许选择下载 R 底层或者捐献包

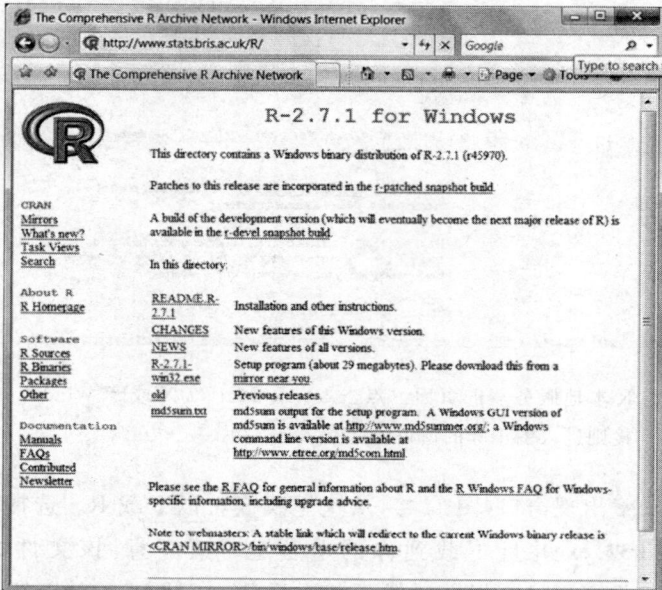

图 1.4 你可以在该窗口下载安装文件 **R-2.7.1-win32.exe**。请注意这是编写本书时的最新版本,你有可能会看到更新的版本

为了安装 R，点击下载的 **R-2.7.1-win32.exe** 文件。最简单的方法是接受所有的默认设置。请注意，依赖于电脑设置，会存在一些问题，比如系统管理员权限、防火墙、VISTA 安全设置等等。这些是具体电脑或者网络问题，这里不进一步讨论。当成功地安装了 R，你将有一个蓝色的桌面图标。

如果要升级已安装的 R 程序，需要重复上述下载过程。在你的电脑上同时存在多个 R 的版本是没有问题的；它们将位于相同的 R 目录，但是在不同的子目录内，并且不会相互影响。如果你想从 R 的旧版本进行升级，**CHANGES** 文件是值得阅读的。（在 **CHANGES** 文件里的一些信息可能看上去有些吓人，初学者无须过多关注）

1.3 最初印象

现在我们讨论打开一个 R 程序并且执行一些简单的任务。R 的启动依赖于它是如何安装的。如果你从网站 www.r-project.org 上下载并且安装在一台独立的电脑上，可以通过双击桌面快捷方式的图标或者通过**开始->程序-> R(Start -> Program -> R)**进行启动。在有预装版本的网络计算机上，你可以咨询系统管理员寻找 R 的快捷方式。

程序的启动窗口如图 1.5 所示，这是一切程序的出发点。

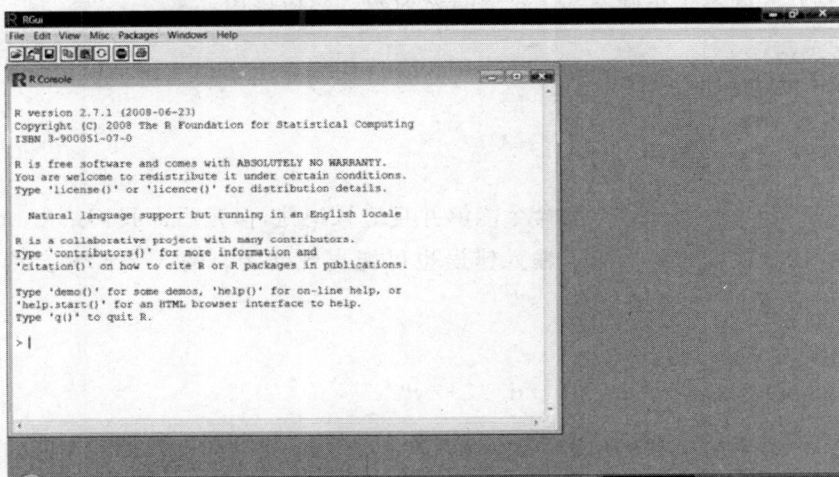

图 1.5 R 的启动窗口，也称为控制台或者命令窗口

从图 1.5 可以立即注意到以下几点。（1）我们使用的 R 版本是 2.7.1；P.6

(2)这里没有华丽的图形用户界面(GUI);(3)它是自由软件,不带任何担保;(4)这里有一个帮助菜单;(5)符号">"和光标。对于第一点来说,只要版本不是太陈旧,那么运行的是哪个版本都是没有关系的。无论自由软件或是商业软件,并不是每一个软件包都有担保。后文将讨论缺省图形用户界面的结果和使用帮助菜单。移动光标到最后一点,在符号>(即光标显示的地方)后输入2+2:

```
> 2 + 2
```

并单击回车键。命令里的空格是被忽略的。你也可以输入2+2,或者2 +2。我们用简单的 R 命令,是为了强调你必须在命令窗口中输入一些命令才能在 R 中得到输出结果。2+2将得到:

```
[1] 4
```

在下一章中讨论[1]的含义,但是很明显 R 可以计算 2 与 2 的和。这个简单的例子显示了 R 是如何工作的;输入一些命令,单击回车键,R 将运行你的命令。技巧是输入正确的命令。错误很容易产生。例如,假设你想计算以 10 为底的 2 的对数。你可能输入:

```
> log(2)
```

并且得到:

```
[1] 0.6931472
```

但是 0.693 不是正确答案。这是自然对数。你应该用:

```
> log10(2)
```

它将给出一个正确的答案:

```
[1] 0.30103
```

尽管 log 和 log10 的命令能够并且应该记住,但是后面我们给出一个不可能记住代码的例子。输入错误也可能出现问题。输入 2 + 2w 会给出如下信息

```
> 2 + 2w
 Error: syntax error in "2+2w"
```

P.7   R 当然不知道 w 键和 2 键紧邻(至少英文键盘如此),我们意外地同时击中了两个键。

输入代码的过程完全不同于使用图形用户界面,在图形用户界面里只需要从下拉菜单里选择变量单击或双击一个选项并/或者按下"运行"或

"完成"按钮。输入代码的优点是它会使你考虑输入什么、含义是什么,并且代码有更强的灵活性。主要的缺点是你需要知道输入什么。

R 有出色的图形工具。但同样你不能从方便的菜单里选择选项,而需要输入准确的代码或者从以前的项目复制代码。例如,如果想发现如何改变刻度线方向,可能需要搜索网络新闻组或者寻找在线手册。

1.4 脚本代码

1.4.1 编程的艺术

在本阶段,是否了解下面的代码并不重要,建议读者不必尝试输入代码。我们把它放在这里只是想说明,只要有一些努力,你就能用 R 生成非常漂亮的图形。

```
>setwd("C:/RBook/")
>ISIT<-read.table("ISIT.txt",header=TRUE)
>library(lattice)
>xyplot(Sources~SampleDepth|factor(Station),data=ISIT,
 xlab="Sample Depth",ylab="Sources",
 strip=function(bg='white', ...)
 strip.default(bg='white', ...),
 panel = function(x, y) {
 panel.grid(h=-1, v= 2)
 I1<-order(x)
 llines(x[I1], y[I1],col=1)})
```

从第三行(从 xyplot 开始)到最后,所有的代码组成一个单独的命令,因此我们只使用了一个">"符号。在本节的后面,我们将提高该脚本代码的可读性。生成的图形在图 1.6 中给出,它给出了 19 个站点中深海浮游发光生物与深度的密度图。该数据是皇家发现号探险船在 2001 与 2002 年的一系列的四次巡航时,于爱尔兰西部的大西洋东北温带地区收集的(Gillibrand 等,2006)。生成图形花费了相当大的精力,但回报是,这个单个图形给出了所有的信息,并帮助确定应采用哪一种统计方法进行下一步的数据分析(Zuur 等,2009)。

1.4.2 录入脚本代码

除非你对计算代码有特殊的记忆能力,否则整块的 R 代码,例如用来生成图 1.6 的那些代码,几乎是不可能记住的。因此最重要的是把代码写得尽可能简单和一般化并且细心地录入。仔细地录入代码可以使你在短短的几分钟内对别的数据集重新生成图形（或者别的分析），然而如果没有记录，你可能会脱离你自己的代码并且需要对一个完整的项目重新编程。作为一个例子，我们重新生成上节使用的代码，但是现在加一些注释。在符号"#"后的文本被 R 忽略。尽管我们还没有讨论 R 语法，但是代码开始给我们一些感觉。我们再次建议本阶段你不必尝试输入代码。

P.8

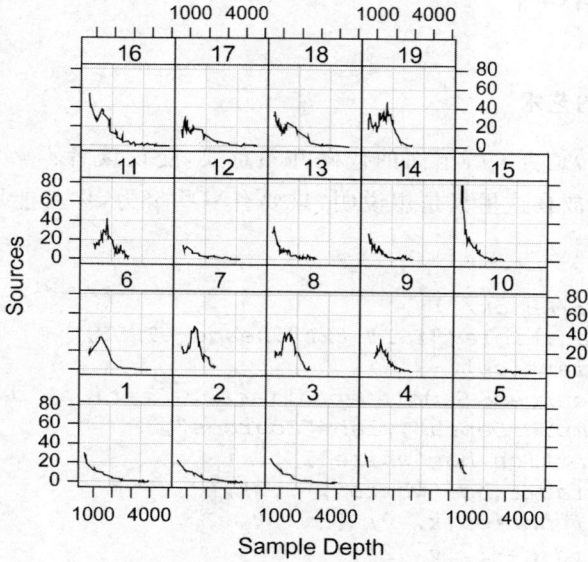

图 1.6　19 个站点中深海浮游发光生物与深度（单位：米）。数据来自
　　　　 Zuur 等人（2009）的著作。允许 x 轴与 y 轴的坐标取不同的范
　　　　 围是相对容易的。数据由英国阿伯丁大学海洋实验室 Monty
　　　　 Priede 提供

```
>setwd("C:/RBook/")
>ISIT<-read.table("ISIT.txt",header=TRUE)
#Start the actual plotting
#Plot Sources as a function of SampleDepth, and use a
#panel for each station.
#Use the colour black (col=1), and specify x and y
#labels (xlab and ylab). Use white background in the
#boxes that contain the labels for station
```

```
>xyplot(Sources~SampleDepth|factor(Station),
  data = ISIT,xlab="Sample Depth",ylab="Sources",
  strip=function(bg='white', ...)
  strip.default(bg='white', ...),
  panel = function(x,y) {
      #Add grid lines
      #Avoid spaghetti plots
      #plot the data as lines (in the colour black)
        panel.grid(h=-1,v= 2)
        I1<-order(x)
        llines(x[I1],y[I1],col=1)})
```

　　尽管仍然难以理解代码是做什么的,但是我们至少可以观察它的一些结构。你可能已经注意到我们用空格说明哪些代码块在一起。这是常用的编程风格,并且对理解你的代码是很重要的。如果你不能理解你以前编写的代码,不要希望别人能理解! 另外可以通过在命令、变量、逗号等附近添加空格来提高 R 的可读性。比较上面和下面的代码,你自己判断一下哪个看起来更容易理解。我们更喜欢下面的代码(再次说明,不必尝试输入代码)。

```
> setwd("C:/RBook/")
> ISIT <- read.table("ISIT.txt", header = TRUE)
> library(lattice) #Load the lattice package

#Start the actual plotting
#Plot Sources as a function of SampleDepth, and use a
#panel for each station.
#Use the colour black (col=1), and specify x and y
#labels (xlab and ylab). Use white background in the
#boxes that contain the labels for station
> xyplot(Sources ~ SampleDepth | factor(Station),
         data = ISIT,
         xlab = "Sample Depth", ylab = "Sources",
         strip = function(bg = 'white', ...)
         strip.default(bg = 'white', ...),
         panel = function(x, y) {
           #Add grid lines
           #Avoid spaghetti plots
           #plot the data as lines (in the colour black)
           panel.grid(h = -1, v = 2)
           I1 <- order(x)
           llines(x[I1], y[I1], col = 1)})
```

后面我们讨论可以采取进一步措施提高这一块特定代码的可读性。

1.5 R 的图形设备

数据的可视化是数据分析里最重要的一个步骤。它要求软件有很好的绘图设备。图 1.7 里的图形,展示了在 R 中用五行代码生成的帝企鹅(*Aptenodytes forsteri*)的产卵日期。Barbraud 和 Weimerskirch(2006)以及 Zuur 等人(2009)研究了南极洲东部阿黛利地迪蒙·迪维尔研究站(the Dumont d'Urville research station in Terre Adélie,East Antarctica)附近几种鸟种群到达和产卵日期与气候变量的关系。

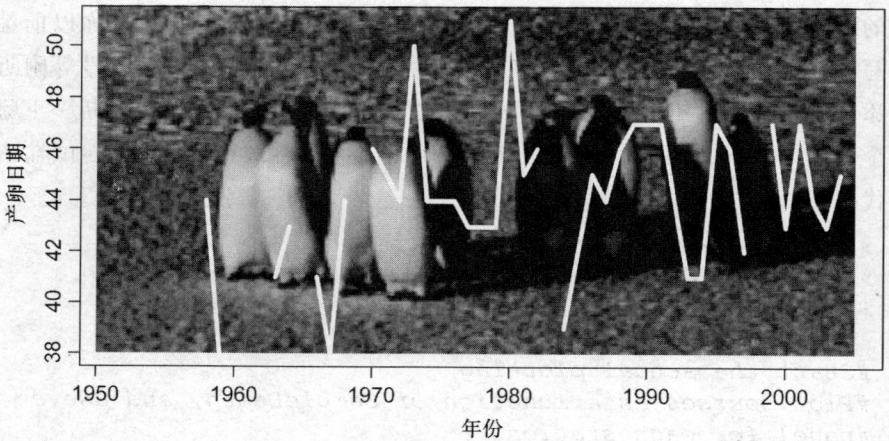

图 1.7 南极洲东部阿黛利地帝企鹅产卵日期。为了生成背景图像,减小了原始的 jpeg 图像的大小并从图形包里输出便携式像素图(portable pixelmap,ppm)。R 包 pixmap 可以用来把背景图形输入到 R,plot 命令用来生成上述图形,addlogo 命令覆盖了 ppm 文件。照片由 Christoph Barbraud 提供

可以在图形的一角画出一个小企鹅图象,或者也可以对小企鹅图象进行拉伸使得其覆盖整个绘图区域。

虽然它是一个有吸引力的图形,但是绘制该图居然花了三个小时,甚至利用了 Murrell(2006)的示范代码。另外,尽管使用了最新的计算机,最初尝试时仍然导致了严重的内存问题,所以有必要减小照片的分辨率和大小。

　　因此,不是所有的事情对 R 来说都是容易的。本书的作者经常搜索 RP.11
新闻组寻找相对简单问题的答案。当编辑问到如何改变一个复杂的多面
板图里线条的厚度时,则用了一整天的时间寻找答案。然而,企鹅图形能
由任何优秀的图形包甚至在微软的 Word 里生成,但是该图形不太容易由
程序给出。

　　图 1.8 给出了 Excel 的饼图菜单,它是许多统计人员的梦魇。撰写科
技文章、论文或者报告时,只有饼图或者三维条形图被很多专家认为是不完
整的标志。我们不参与讨论饼图是一个好的还是坏的工具。用谷歌搜索"饼
图不好"将看到无休止的网站表述这方面的观点。我们不想强调 R 的画图工
具比 Excel 有相当大的改进。然而如果在图 1.8 的菜单驱动形式和 1.3 节里
看起来很复杂的代码间做一个选择,那么 Excel 有很强的诱惑力。

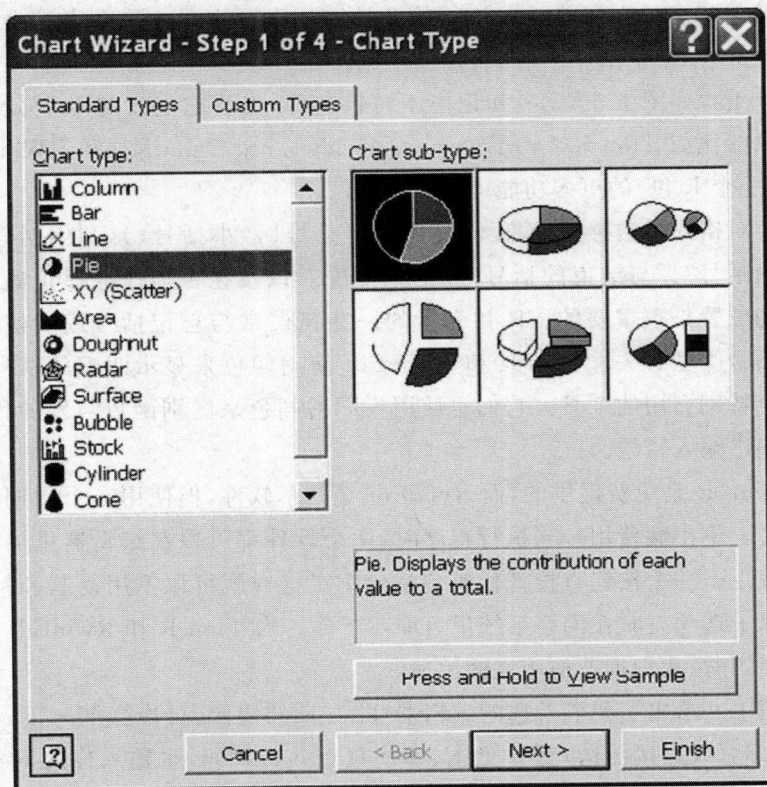

图 1.8　Excel 里的饼图菜单

1.6 编辑

　　如前所述,运行 R 代码时需要用户输入代码并单击回车键。强烈推荐把代码输入到一个特殊的文本编辑器里并复制粘贴到 R 里。这样方便用户保存代码,生成文件以及在后续阶段重新运行。问题是使用哪一种文本编辑器。我们使用的是 Windows 操作系统,因此我们不能对 Mac,UNIX 或者 LINUX 系统推荐编辑器。网站 http://www. sciviews. org/_rgui/ projects/Editors. html 给出了大量编辑器的详细描述。该网站包含 Mac, UNIX 和 LINUX 系统编辑器的一些信息。

　　对于 Windows 操作系统,我们强烈建议不要使用微软 Word。Word 会自动包装多行文本并且在该行的开始添加大写字母。这两者都会导致在 R 中产生出错信息。R 自带的文本编辑器(单击**文件->新建脚本(File -> New script)**如图 1.5 所示)和记事本可供选择,尽管它们没有 R 特定的文本编辑器比如 Tinn-R(http://www. sciviews. org/Tinn-R/)和 RWindEdt (这是一个 R 包)的更多功能可以利用。

　　R 对格式是敏感的,编程需要用到大括号{ },小括号( ),和中括号[ ]。开始的括号"{"与结束的括号"}"的正确配对以及在一项任务里正确使用括号的位置是很重要的。R 初学者的一些错误常与忘记括号或者使用错误的括号类型有关。Tinn-R 和 RWinEdt 使用颜色来显示匹配的括号,这是一个特别有用的工具。它们也使用不同的颜色来区别函数与别的代码,帮助突出输入错误。

　　Tinn-R 是免费提供的,而 RwinEdt 是共享软件,但使用一个周期后需要支付一笔小额费用。当执行程序时,两个软件都可以在编辑器里加亮文本并且点击一个按钮直接把代码传送给 R。这样就可以不用复制和粘贴,但是这个选项有时在网络系统里可能不工作。当 Tinn-R 和 RwinEdt 与 R 一起使用时,我们推荐使用在线手册。

　　图 1.9 给出了我们首选的编辑器 Tinn-R 的快照,再次强调一下,在复制并粘贴(或直接传送)到 R 之前,即便只有几行代码,也输入你的 R 代码到文本编辑器比如 Tinn-R 里。

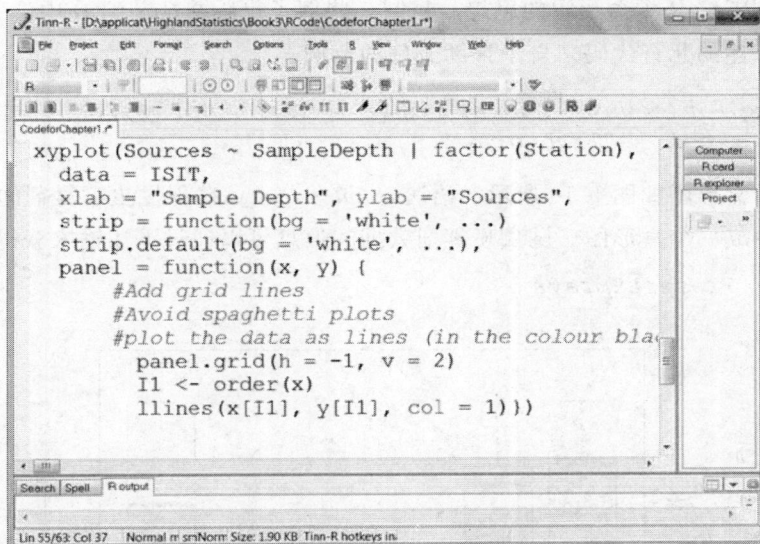

图 1.9　Tinn-R 文本编辑器。每个括号类型有一种特殊的颜色。在**菜单选项->主要->编辑**（**Options -> Main -> Editor**）下，字体尺寸可以增大。在**菜单选项->主要->应用-> R**（**Options -> Main -> Application -> R**）下，你可以对 R 设置具体的路径。在目录 **C:\Program Files\R\R-2.7.1\bin**（假设默认安装设置）里选择 **Rgui.exe** 文件。如果你用的是不同的 R 版本可以调整 R 的目录。这个选项允许通过高亮显示代码并点击文件名上面的一个图标把成块的代码直接发送到 R

1.7　帮助文件和新闻组

当用 R 工作时，几乎对每一件任务你将有多重选择，并且，因为这里没有单独的资源去描述所有可能发生的事情，因此知道去哪里寻找帮助是非常重要的。假设你希望学习如何生成盒形图。在 R 中你最好的朋友是问号。输入：

```
> ?boxplot
```

并单击回车键。或者你也可以用：

```
> help(boxplot)
```

打开帮助窗口，将会出现标题为描述、用法、参数、详细、值、参考、另见和范例的文档。这些帮助文件不是"傻瓜指南"并且看起来有些吓人。我们推荐阅读描述部分，快速浏览用法部分（惊叹难以理解的选项），然后观察范例了解 R 中盒形图的思想。复制一些例子代码并粘贴到 R 中。

下述的几行代码来自于帮助文件的范例。

```
> boxplot(count ~ spray, data = InsectSprays,
       col = "lightgray")
```

生成的盒形图如图 1.10 所示。语法 $count \sim spray$，确保昆虫喷雾剂的每个水平生成一个盒形图。昆虫喷雾剂数据的信息可以通过下述输入获得：

```
> ?InsectSprays
```

P.14

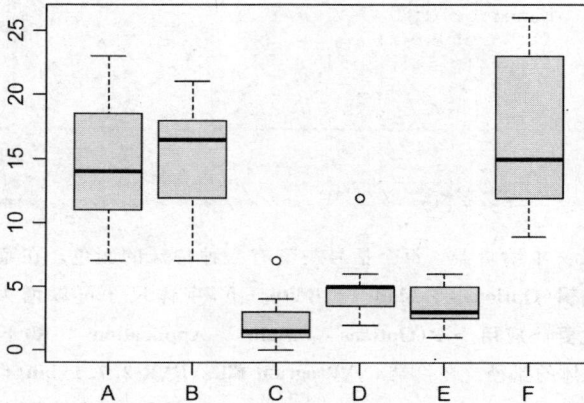

图 1.10　从盒形图帮助文件里复制并粘贴代码到 R 得到的盒形图。
查看该图的数据来源，输入：? InsectSprays

重要的是复制整块的代码而不是仅包含该代码的部分片段。对于长块的代码，一般很难确定开始和结束点，有时需要猜测命令的特定结束位置在哪里。例如，如果你只是复制并粘贴了文本

```
> boxplot(count ~ spray, data = InsectSprays,
```

你将会看到一个"＋"号（图 1.11），提示 R 等待更多的代码。粘贴剩余的代码或者点击 Esc 键取消上述操作并继续复制粘贴完整的命令。

几乎所有的帮助文件都与 $boxplot$ 函数的帮助文件具有相似的结构。

P.15
如果你不能在帮助文件里找到答案，点击菜单里（图 1.5）**帮助-> Html 帮助**（**Help -> Html help**）。将出现图 1.12 的窗口（假设弹出窗口拦截器是关闭的）并链接到提供大量信息的浏览器。**搜索引擎**和**关键词**允许你搜索函数、命令和关键词。

如果帮助文件不能给你的问题提供答案，此时可以搜索 R 新闻组。可能过去别人已经讨论过你的问题。R 新闻组可以通过网站 www.

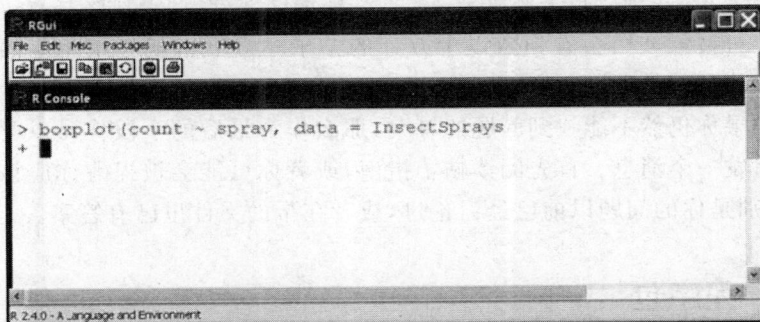

图 1.11 当不完整的命令输入时，R 会等待更多的代码。可以加入剩余的
代码或者单击"Esc"键放弃绘制盒形图命令

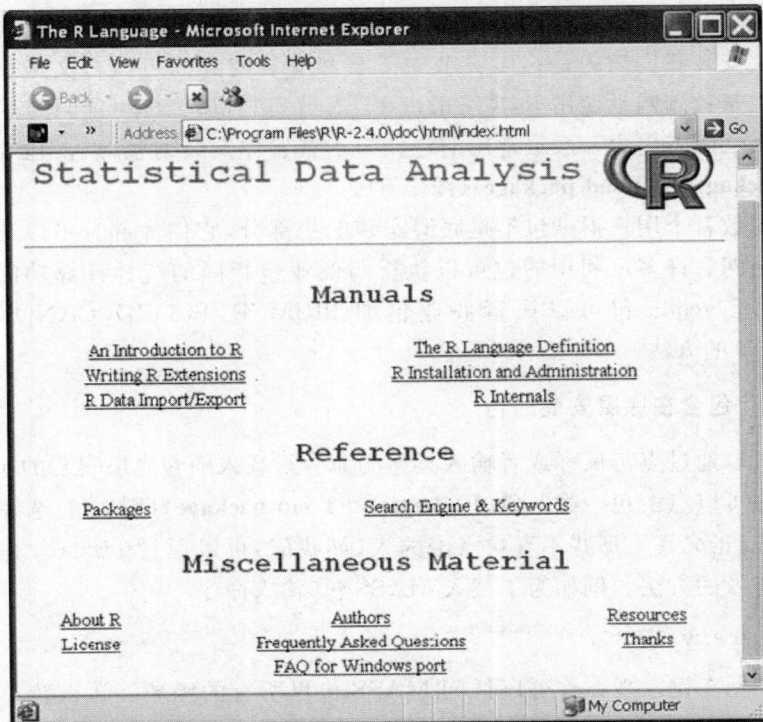

图 1.12 通过 R 的帮助菜单点击**帮助 ->** **Html 帮助**(**Help ->** **Html help**)得到的窗口。
搜索引擎和关键词允许搜索函数、命令和关键词。你需要关闭所有的弹出
窗口拦截器

r-project.org找到。点击邮件列表,进入 R 帮助部分,点击网络接口。进入到一个可搜索文档会看到数以十万计的帖子。接下来就是用相应的关键词去寻找相似的问题。

如果你仍然不能找到问题的答案,那么作为最后的手段你可以尝试给新闻组发一个消息。首先阅读帖子指南,或者你可能会被提醒你应该这样做,特别是你的问题以前已经讨论过,或者在帮助文件里已有答案。

1.8　程序包

R 带有一系列默认的程序包。包是先前编写的函数的集合,常常是为了特殊任务所写的函数。称之为库也具有吸引力,但是 R 团体习惯称之为包。

包有两种类型:R 底层安装自带的包和需要手动下载和安装的包。随着底层安装我们指的是在 1.2 节中下载和安装的大的可执行文件。如果你在大学校园网里使用 R,R 一般由 IT 人员安装,那么你可能只有底层版本。底层版本包含一般最常用的包。为了查看你安装的包,点击**包->载入包**(**Packages -> Load package**)(图 1.5)。

有数百个用户捐献包不是底层安装的一部分,它们大部分可以通过 R 网站访问。许多可利用的包可以执行与商业包相同的统计计算功能。例如,多元 vegan 包可以执行商业包如 PRIMER,PCORD,CANOCO 和 Brodgar 的方法。

1.8.1　包含在底层安装的包

可以通过点击鼠标或者输入具体的命令来载入随着底层安装的包。

你可以点击**包->载入包**(**Packages -> Load package**)(图 1.5)选择一个包,并点击完成。那些不喜欢点击的人(如我们)可以通过 library 命令给出更有效的方法。例如为了载入 MASS 包,输入命令:

```
> library(MASS)
```

并单击回车键。现在你可以访问 MASS 包里所有的函数。那么接下来怎么办?你可以阅读一本书,例如 Venables 和 Ripley(2002),来学习你如何使用该包。更多的时候过程是相反的。假设你想对一个数据集使用广义线性混合模型(generalised linear mixed modeling, GLMM)[①]。查阅

[①]　GLMM 是一个高级的线性回归模型。与正态分布不同,可以使用其它类型的分布,例如计数数据的泊松分布或者负二项分布和二元数据的二项分布。

Venables 和 Ripley(2002)显示你可以在 MASS 包(有另外的选择存在)里使用 **glmmPQL** 函数。因此如上所述你可以用 library 命令载入 MASS 并输入? glmmPQL 得到应用 GLMM 的说明。

1.8.2 不包含在底层安装的包

P.17

有时载入包的过程稍微更复杂一些。例如,当你看到一篇论文里面绘制了数据的空间位置图(经度和纬度),并且点的尺寸大小与数据值成正比。文章里说明该图形是由 gstat 包里的 bubble 函数绘制的。如果你点击**包->载入包**(**Packages -> Load package**)(如图 1.5 所示),你将看不到 gstat。如果包不在列表里出现,说明还没有安装该包。因此也可以用这种方法来判断一个包是否是底层安装的一部分。为了获取并安装 gstat,或者其它任何可利用的包,你可以从 R 网站下载压缩包并告诉 R 安装该包,或者你可以从 R 里直接安装。我们讨论这两种方法。另外也有第三种方法,即帮助文件里描述的函数 install.packages。

请注意一个包的安装过程只需要进行一次。

方法 1. 手动下载和安装

打开你的网络浏览器,进入到 R 网站(www. r-project. org),点击 CRAN,选择一个服务器,在标题**软件**(**Software**)下点击**包**(**Packages**)。你会看到用户捐献包列表。选择 gstat(这是一个很长的下拉过程)。现在你可以下载压缩包(对于 Windows 系统该文件称为 Windows 二进制文件)和手册。一旦文件下载到你的硬盘,打开 R 并从**本地 zip 文件**(**local zip file**)点击**包->安装包**(**Packages -> Install packages**)。选择你刚才下载的文件。

通常网站上的包会有一个 PDF 格式的手册提供额外有用的信息。手动下载过程中可能遇到一个潜在的问题是有时一个包依赖于另外一个包,该包也不包含在底层安装,所以你也需要下载这些包。任何依赖于其它的包网站上会提及,但它可能更像一个树状结构;这些辅助的包也可能依赖于其它的包。

下面的方法会自动安装任何有关联的包。

方法 2. 从 R 里下载并安装包

如图 1.5 所示,点击**包->选择 CRAN 镜像**(**Packages -> set the CRAN mirror**)并**选择一个服务器**(例如英国布里斯托尔)。现在返回**包**(**Packages**)并单击**安装包**(**Install package(s)**)将出现一个包列表从中你可以选择 gstat。除非你把 R 升级到一个新的版本,否则该过程只需要执行一次。(有规律的升级即可,只要有 R 新版本便进行升级是没有必要的,一年升级一到两次就足够了。)

请注意网络计算机或者使用 VISTA 操作系统时，由于防火墙或者其它的安全设置，可能会导致安装出现问题。这些具体的计算机问题这里不做讨论。

1.8.2.1 载入包

安装和载入是不相同的。安装指的是把包加入到 R 的底层版本。载入意味着我们准备使用包并可以访问该包里的所有函数。如果一个包没有安装是不可以载入的。我们可以采用 1.8.1 节描述的两种方法之一载入 gstat 包。一旦载入成功，**?bubble** 会给出该函数的使用说明。

在图 1.13 里我们总结了安装和载入包的过程。

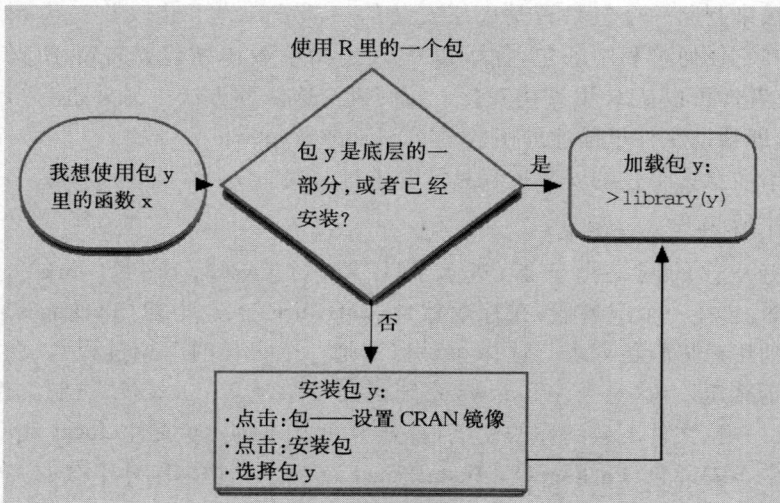

图 1.13   概述 R 里安装和加载包的过程。如果一个包是底层安装的一部分或者
          先前已经安装过，使用 library 函数。如果一个包的运行依赖于其它的
          包，若它们已经安装，则会自动载入。若它们没有安装，则可以通过手动
          安装。一旦你曾经安装过一个包，就不必再次安装该包

1.8.2.2 如何判断一个包的好坏？

在课程学习期间，参与者有时会问用户捐献包的质量。一些包含几百个函数的包由该领域内著名的科学家编写，他们通常在自己的著作里叙述了所使用的方法。一些仅包含少许函数的包可能在公开出版的论文里用到。因此，包的捐献者既有热心的博士生也有出版十几本图书的教授。因

此没有办法说明哪一个包比较好。可以检查包更新的频率并把它发送到 R 新闻组查看别人的经验。

1.9　R 的一般问题

本节我们讨论 R 使用过程中的各种问题以及使过程简化的方法。

如果你是介绍 R 使用方法的教师,或者你阅读小字号文本有困难,能够调整字体大小是至关重要的。这可以在 R 里通过点击**编辑->图形用户界面选项**(**Edit -> GUI preferences**)进行设置。

当图形生成时初次使用的用户可能会对控制台的运行产生困惑,举一个例子,见图 1.14。请注意图形工具是活动的。如果你尝试复制并粘贴代码到 R,将没有反应。你需要在粘贴 R 代码前使 R 控制台窗口(左边)处于活动状态。如果粘贴代码时 R 控制台窗口是最大化的,图形设备(在 R 控制台窗口的后面)将是不可见的。改变控制台窗口大小或者使用 CRTL/TAB 键可以在两个窗口间切换。

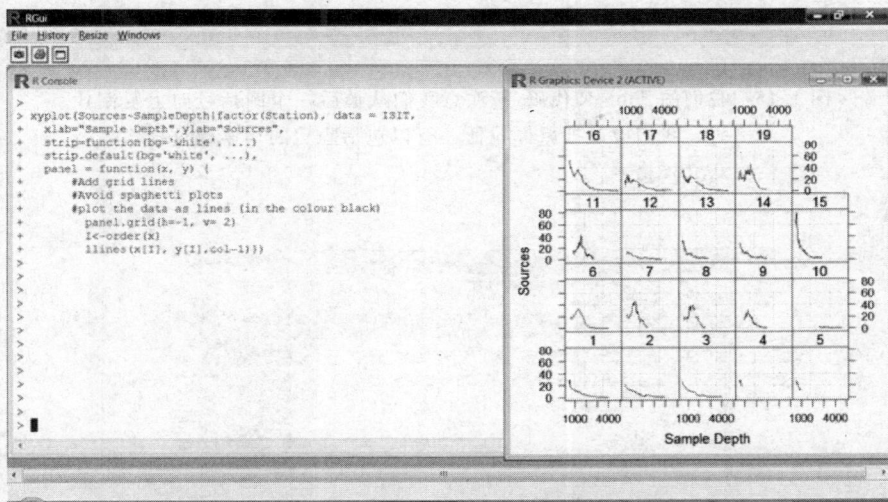

图 1.14　生成图形后的 R。为了运行新的命令,必须首先点击控制台

为了保存图形,点击图形窗口使它处于活动状态并右击鼠标。然后你可以把它作为图元文件直接复制到其它的程序比如微软 Word 里。后面,我们将讨论把图形保存到文件的命令。

当使用 Tinn-R(或者任何其它文本编辑器)时,许多人常犯的错误是没有复制代码最后一行的"隐藏回车键"的符号。为了表明我们所说的意思,见图 1.15 和图 1.16。在第一个图中,我们复制了先前输入到 Tinn-R 中的 xyplot 命令的代码。请注意我们在圆括号结束后立即停止了选择。把这部分代码粘贴到 R 里会出现图 1.16 的情形。现在 R 在等待我们输入回车

P.20

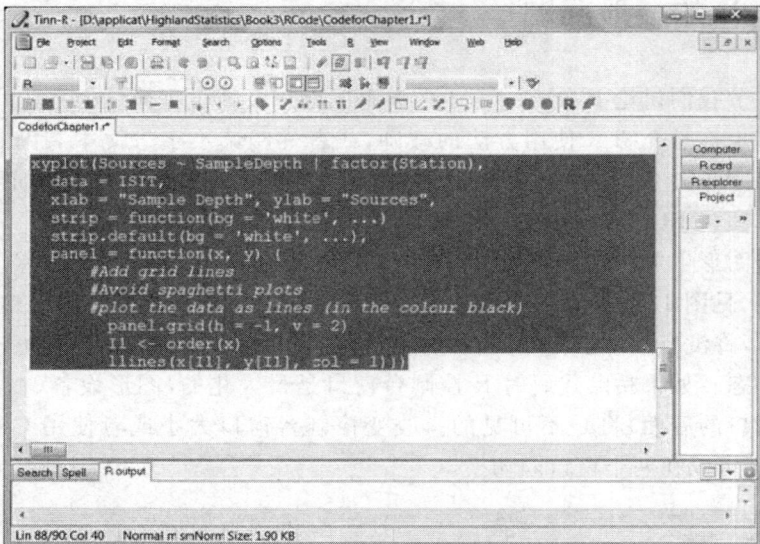

图 1.15 我们的 Tinn-R 代码,请注意我们从最后一个圆括号向上复制代码。我们应该把鼠标拉低一行以包括隐藏的回车键这样将执行 xyplot 命令

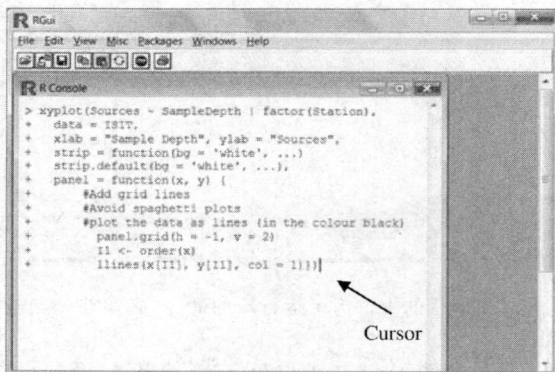

图 1.16 我们的代码粘贴到 R。R 在等待我们输入回车键以执行 xyplot 命令。假如我们复制了 Tinn-R 里的额外一行,命令将会自动执行,并且将会显示图形

键,它才会输出图形。这种情形会令人担忧,以为 R 什么都不做,尽管代码是正确的并且完整地复制到了 R 里——除了代码最后一行的回车键命令。解决的方法很简单:单击回车键,并在下一次复制前高亮显示最后的圆括

号下面的额外一行。

1.9.1 退出 R 和设置工作目录

另外一个有用的命令是：
P.21
```
> q()
```
该命令退出 R。在退出之前，会询问是否保存工作空间。如果你决定保存，我们强烈建议你不要把它保存在默认目录下。如果这样做，当 R 重新启动时会自动载入所有的结果。为了避免 R 询问是否保存数据，使用：
```
> q(save = "no")
```
R 不做保存而直接退出。为了改变默认工作目录可以使用：
```
> setwd(file = "C:\\AnyDirectory\\")
```
这个命令只有在目录 AnyDirectory 存在时才起作用。选择一个合理的名称（我们的不是）。请注意在 Windows 操作系统里必须使用两个反斜杠。另一种可供选择的方法是使用：
```
> setwd(file = "C:/AnyDirectory/")
```
在目录结构中一般使用简单的名称。应该避免目录名称里包含字符比如 $*$,$\&$,$\circ$,$\$$,$£$,"等。R 也不接受有变音符的字母符号比如 ä,í,á,ö,è,é 等。

我们推荐把 R 代码保存在文本编辑器中而不要保存在你的工作空间中。下次使用时，打开编辑好的存档文件，复制代码并把它粘贴到 R 里。你的结果和图形将会重新出现。保存你的工作空间只会使更多文件充斥于你的硬盘，或许一星期以后你将不记得如何得到所有的变量、矩阵等。从 R 代码里找回这些信息相对比较容易。唯一的例外是如果你的计算需要花费很长的时间去完成。如果是这种情况，建议把工作空间保存到你的工作目录里的某个地方。为了保存工作空间，点击**文件->保存工作空间**（**File -< Save Workspace**），为了载入一个已经存在工作的空间，使用**文件->载入工作空间**（**File -< Load Workspace**）。

如果你想对不同的数据集开始一个新的分析，移除所有的变量可能是有用的。一种方法是退出 R 并重新启动。另一种方法是点击**其它->删除所有对象**（**Misc -< Remove all objects**）。可以通过下面的命令完成
```
> rm(list = ls(all = TRUE))
```
在**编辑**（**Edit**）菜单下还有一些其它有用的选项。例如，你可以点击**全选**（**Select all**）以复制所有的命令并输出到微软 Word 里。

1.10　历史和文献概述

1.10.1　R 的一个简短历史回顾

　　如果你准备开始用 R 工作,它的历史可能是你最后一个想知道的事情。然而,我们可以保证某时某地会有人问你这个包为什么叫 R。为了让你有一个令人印象深刻的回答,我们用一些词语介绍一下这个包是何时由谁发展的,怎么发展的以及为什么发展该包。毕竟,知道一点历史知识是没有坏处的。

　　R 是基于计算机语言 S 发展的。S 是由贝尔实验室的 John Chambers 和另外一些人于 1976 年共同开发的。在 20 世纪 90 年代初,Ross Ihaka 和 Robert Gentleman(University of Auckland,in Auckland,New Zealand)开发了该语言并把他们的成果称为 R。请注意两个人的名字都是以字母 R 开始。当修改 S 语言时,试图把它称为 T 或 R。

　　自从 1997 年,R 的开发由 R 开发核心小组负责。小组成员名单可以由 R FAQ 获得(Hornik,2008;http://CRAN. R-project. org/doc/FAQ/R-FAQ. html)。

　　Wikipedia 网站很好地概述了 R 发展的里程碑。2000 年发行了 1.0.0 版本,此后有各种扩展版本可以利用。这本书基于版本 2.7 编写,它在 2008 年 4 月发行。

1.10.2　有关 R 的书籍和使用 R 的书籍

　　提供使用 R 的书籍的一个概述遇到的一个问题是有一个好的机会省略一些书,或者写一个完全主观的概述。还有一个时间方面的问题,当你读这一点时,许多关于 R 的新书将会出现。因此,我们把讨论限制在了我们觉得有用的书上。

　　虽然关于 R 的书少得惊人,但是有许多用 R 做统计的书。我们对这两者不做明显的区分。

　　第一本书是 *Statistical Models in S*,Chambers 和 Hastie(1992)著,因为它有一个白色的封皮,在非正式场合把它称为白皮书。它没有直接涉及 R,而是 R 的基础语言 S。然而,它们之间很少有实际差别。该书给出了 S 语言的详细解释和如何在 S 中应用大量的统计技术。它还包括一些统计理论。

　　第二本最经常用的书是 *Modern Applied Statistics with S*,4th ed.,Venables 和 Ripley(2002)著,紧接着 Dalgaard 著的一书 *Introductory Statistics with R* 出版。在撰写该书时,Dalgaard 的第 2 版正在印刷中。

这两本都是 R 用户的"必备"书。

还有一些书介绍使用 R 时采用的一般统计方法。其中一些在我们的书架上，我们给出的评价是：

- *The R book*，Crawley 著(2007)。这是一本很厚的书，快速引入了多种统 P.23
计方法并演示如何在 R 中应用。该书的缺点是，一旦你开始使用一个详细的方法，将需要根据文献进一步钻研更深的基本统计方法。
- *Statistics. An Introduction Using R*，Crawley 著(2005)。
- *A Handbook of Statistical Analysis Using R*，Everitt 和 Hothorn 著(2006)。
- *Linear Models with R*，Faraway 著(2005)。我们强烈推荐这本书以及它的续集，*Extending the Linear Models with R*，同一作者著。
- *Data Analysis and Graphics Using R：An Example-Based Approach*。Maindonald 和 Braun 著(2003)。该书主要由回归和广义线性模型组成，同时也有一些关于 R 的介绍。
- *An R and S-PLUS Companion to Multivariate Analysis*，Everitt 著(2005)。该书处理经典多元分析方法。比如因子分析、多维尺度、主成分分析以及包含混合效应模型章节。
- *Using R for Introductory Statistics*，Verzani 著(2005)。标题描述了该书的内容；它对本科统计课程很有用途。
- *R Graphics*，Murrell 著(2006)。如果你想更深入地钻研 R 图形这是一本"必备"的书。

也有更多使用 R 的专业书籍，例如：

- *Time Series Analysis and Its Application. With R Examples—Second Edition*，Shumway 和 Stoffer 著。这是一本很好的时间序列书。
- *Data Analysis Using Regression and Multilevel/Hierarchical Models*，Gelman 和 Hill 著。这是一本使用 R 代码和 R 输出的有关社会科学混合效应模型的书。
- 对于混合效应模型，"必须买"并且"必须引用"的书是 *Mixed Effects Models in S and S-Plus*，Pinheiro 和 Bates 著(2000)。
- 对于同一主题，"必须买"并且"必须引用"的广义加性模型的书是 *Generalized Additive Models：An Introduction with R*，Wood(2006) 著。
- 后两本书对于数学知识匮乏的读者不太容易阅读，一本可供选择的书是 *Mixed Effects Models and Extensions in Ecology with R*，Zuur 等著(2009)。因为它的前两个作者也是你目前正在读的这本书的作者，所以它是"必须立即买"并且"必须从前到后阅读"的书!

- 另外一本关于广义加性模型和 R 的容易阅读的书是 *Semi-Parametric Regression for the Social Sciences*,Keele 著(2008)。

- 如果你的工作与基因组学和分子数据有关,*Bioinformatics and Computational Biology Solutions Using R and Bioconductor*, Gentleman 等著(2005)是一本很好的需要首先阅读的书。

- 我们也强烈推荐 *An R and S-Plus Companion to Applied Regression*, Fox 著(2002)。

- 对于入门级,你可能要考虑 *A First Course in Statistical Programming with R*,Braun 和 Murdoch 著(2007)。

P.24
- 因为我们对具有优美多面板图形(见第 8 章)的 lattice 包很感兴趣,所以我们强烈推荐 *Lattice. Multivariate Data Visualization with R*, Sarkar 著(2008)。自从这本书来到我们的书桌以后就从来没有离开过。

1.10.2.1 应用 R! 系列

这本书是斯普林格"应用 R!"系列的一部分,当时该系列的书至少由 15 本组成,每本书描述一个特殊的统计方法及它在 R 中的应用,更多的书在出版中。

如果你是幸运的,你的统计问题会在该系列的某一本书中讨论。例如,如果你的工作与形态数据有关,你应该肯定看一下 *Morphometrics with R*,Claude(2008)著,对于空间数据尝试 *Applied Spatial Data Analysis with R*,Bivand 等(2008)著,对于小波分析,见 *Wavelet Methods in Statistics with R*,Nason(2008)著,该系列有用的另一卷是 *Data Manipulation with R*,Spector(2008)著;该书里没有准备更多冗长的 Excel 和 Access 数据! 对于更进一步的建议我们推荐你参考 http://www.springer.com/series/6991 寻找最新的目录。

毫无疑问我们省略了一些书,这样做可能使一些读者和作者感到失望,但是我们写作时这些书也在我们书架上。更全面的目录见 http://www.r-project.org/doc/bib/Rpublications.html。

1.11 使用这本书

第一次阅读时,在决定哪些章节是重点哪些章节是可以跳过之前,你应该考虑这个问题"我为什么使用 R?"对于这个问题我们听到各种各样的答案,比如:

1. 我的同事正在用它。
2. 我对它感兴趣。
3. 我需要的统计方法只在 R 中是可利用的。
4. 它是免费的。
5. 它有出色的图形设备。
6. 它是唯一的在网络上安装的统计软件包。
7. 我这样做因为它是教育方案的一部分（比如，学士、硕士、博士）。
8. 我的主管告诉我这样做。
9. 学习 R 是我的工作。

在我们的课程期间，我们遇到一批动机不明的参与者，"我被告诉这样做"，"我感兴趣"。你如何最好地使用这本书依赖于你自己学习 R 的动机。如果你是"我感兴趣"的人，那么从前到后阅读这本书。根据您自己的情况，下面根据消费者的信息提出了一般的建议。 P.25

本书中一些章节用一个星号（＊）作为标记；这需要略多的技巧，第一次阅读时你可以跳过它们。

1.11.1 如果你是一位教师

因为这本书里的材料已经在我们自己的 R 和统计课程里使用，我们也看到了很多学生接触到它的反应。我们的第一个建议很简单：不要走得太快！如果尝试在一两天内的 R 课程中覆盖尽可能多的材料，你将是浪费你和你学生的时间。我们已经对超过 5000 位生命科学家讲解了统计（与 R），发现正面反馈的主要内容是确保参与者明白他们已经做了什么。大部分参与者开始的心情是"向我展示全部"，但是你的工作是改变这个为"理解所有内容"。

没有人想去学习五天的 R 课程，其实这是没有必要的。我们推荐名为"R 入门"的三天课程（一天八个小时）。第一天，你可以讲解第 1、2 和 3 章，并给出大量的练习。第二天，介绍基本绘图工具（第 5 章），并且根据目的和兴趣，你可以在第三天选择讲解编写函数（第 6 章）或者高级绘图工具（第 7 和第 8 章）。第 9 章包含常见的错误，这些与每个人都有关。

如果你想更快，你可能结束时会面对沮丧的参与者。我们推荐的三天课程里不包括统计。如果你需要讲解统计，课程应该扩展到五天。

1.11.2 如果你是有一定 R 知识的感兴趣的读者

我们建议阅读第 1、2、3 和 5 章。接下来学习什么依赖于你的兴趣。你想编写你自己的函数吗？第 6 章是与之相关的。如果你想生成出色的图形？这种情况下，请阅读第 7 和第 8 章。

1.11.3　如果你是一个 R 专家

如果你有使用 R 的经历，我们推荐从第 6、8 和 9 章开始。

1.11.4　如果你比较害怕 R

"我的同事曾尝试使用 R 并发现它是一个梦魇。它超过了很多生物学家的能力除非有很好的数学知识！"这是从我们电子邮件的收件箱里逐字摘录的，我们听到了许多意见和建议。R 是一个语言，像意大利语、荷兰语、西班牙语、英语或者汉语。一些人有学习语言的天赋，一些人可能需要一些努力，另外一些人可能觉得语言是一个梦魇。使用 R 需要你学习一门语言。如果你尝试走得更快，使用错误的阅读材料或者错误的教师，那么，掌握 R 将会遇到一些挑战。

遇到术语"数学的"是因为 R 是按照逻辑步骤来处理任务。你必须有组织有结构地使用 R 来工作。但是在这一切基础之上外加一本好书是必要的。

然而，我们也希望是诚实的。在我们的课程期间，一小部分参加我们课程的"典型的"科学家不是注定要用 R 工作的。在一天的 R 培训后有一些人感觉是失败的。也有人告诉我们他们以后不再使用 R。幸运的是，这些人只占很小的百分比。如果你是其中的一位，我们推荐软件包驱动的图形用户界面，如 SPLUS 或 SAS。这些是比较贵的软件。一个可供选择的方法是 R 里（在 R 网站，从菜单**其它**里选择**相关项目**，然后点击 **R GUIs**）的图形用户界面，但是这些不能给你 R 中可利用的全部范围的选项。

1.12　引用 R 和引用程序包

你可以获得功能非常强大的免费程序包，因此识别它是应该的。为了引用 R 或其它你使用的任何相关的包，在 R 里输入：

```
> citation()

To cite R in publications use:
R Development Core Team (2008). R: A language and
environment for statistical computing. R Foundation for
Statistical Computing, Vienna, Austria.
ISBN 3-900051-07-0, URL http://www.R-project.org.
...
We have invested a lot of time and effort in creating R,
please cite it when using it for data analysis. See also
'citation("pkgname")' for citing R packages.
```

对于引用程序包,例如格子包,你应该输入:

```
> citation("lattice")
```

它会给出如何引用该包的全部详细信息。在本书里,我们使用不同的包;我们提及和引用它们如下:foreign(R 核心成员等,2008),lattice(Sarkar,2008),MASS(Venables 和 Ripley,2002),nlme(Pinheiro 等,2008),plotrix(Lemon 等,2008),RODBC(Lapsley,2002;Ripley,2008),和 vegan(Oksanen 等,2008)。参考 R 本身是:R 开发核心小组(2008)。请注意根据使用 R 版本的不同,一些引用可能会有区别。

P.27

1.13 我们学习了哪些 R 函数?

每章我们用一节总结该章里介绍的 R 函数。本章我们只学习了一些命令。这里我们不重复发光格子函数和企鹅绘图函数,因为我们只是用它来做示例。表 1.1 列出了我们本章所讨论的函数。

表 1.1 第 1 章所介绍的 R 函数

函 数	功 能	示 例
?	访问帮助文件	? boxplot
#	添加注释	# Add your comments here
boxplot	生成盒形图	boxplot(y)boxplot(y~factor(x))
log	自然对数	log(2)
log10	以 10 为底的对数	log10(2)
library	载入包	library(MASS)
setwd	设置工作目录	setwd("C:/AnyDirectory")
q	关闭 R	q()
citation	提供对 R 的引用	citation()

第 2 章

R 中的数据输入

在接下来的这一章,我们会讲述如何把数据录入 R,并把数据系统地转化为标量(单值)、向量、矩阵、数据框或者列表。同时还将阐述如何从 Excel、ascii 文件、数据库和其它统计程序中载入数据。

2.1 R 中的第 1 步

2.1.1 小型数据库中的数据录入

我们从把数量足够小的数据录入到 R 中的工作开始。使用这样一个数据库(康涅狄格大学 Chris Elphick 未公布的数据),它来自大概 1100 只沙鸥的 7 种身体测量数据(如头和翅膀的大小、踝骨的长度、体重等等)。为了方便起见,我们仅使用其中 8 只鸟的 4 种形态参数(见表 2.1)。

表 2.1 8 只鸟的形态参数。符号 NA 代表缺失值,被测量的参数有翅膀的长度(翼弦的长度),腿的尺寸(踝骨尺寸),头的尺寸(从鸟嘴到后脑)和体重

翼弦	踝骨	头	体重
59	22.3	31.2	9.5
55	19.7	30.4	13.8
53.5	20.8	30.6	14.8
55	20.3	30.3	15.2
52.5	20.8	30.3	15.5

续表 2.1

翼弦	踝骨	头	体重
57.5	21.5	30.8	15.6
53	20.6	32.5	15.6
55	21.5	NA	15.7

将数据录入 R 最简单的一个方法就是以标量(仅含一个值的变量)的形式将数据一一输入,但此方法比较繁琐。比如,将翅膀长度的前五个观察值录入 R,需输入:

P.30

```
> a <- 59
> b <- 55
> c <- 53.5
> d <- 55
> e <- 52.5
```

程序中,符号"<-"可以用" = "代替。并且,这些命令可以直接从文本编辑器中复制到 R 中,不需要其它改变。此时,若要查看 R 的计算结果,可以输入"a",然后敲回车键。

```
> a
[1] 59
```

正如我们所输入的,"a"的值为 59。这种方法的问题是大量的数据会很快用完所有的字母符号,并且,以 a、b、c 等字母作为变量名对刻画变量各表示什么意义是没有多大帮助的。因此,我们可以使用如下的变量名:

```
> Wing1 <- 59
> Wing2 <- 55
> Wing3 <- 53.5
> Wing4 <- 55
> Wing5 <- 52.5
```

若要输入剩余的数据,则需要更多的变量名。在改进变量名的处理方法前,我们先来讨论对于这些变量的操作。一旦定义了一个变量并且对其赋值后,我们就可以用它来进行计算,例如,下面这些都是有效的命令:

```
> sqrt(Wing1)
> 2 * Wing1
> Wing1 + Wing2
> Wing1 + Wing2 + Wing3 + Wing4 + Wing5
> (Wing1 + Wing2 + Wing3 + Wing4 + Wing5) / 5
```

此时,虽然 R 进行了计算,但它并没有存储结果,所以,最好定义新的变量:

```
> SQ.wing1 <- sqrt(Wing1)
> Mul.W1 <- 2 * Wing1
> Sum.12 <- Wing1 + Wing2
> SUM12345 <- Wing1 + Wing2 + Wing3 + Wing4 + Wing5
> Av <- (Wing1 + Wing2 + Wing3 + Wing4 + Wing5) / 5
```

　　当然，以上这些变量名仅仅是示范，你可以使用任何名字来代替，不过需要注意，"."也是变量名的一部分。我们建议使用能帮助记忆具体代表什么的变量名，例如，SQ.wing1 表示第一只鸟翅膀长度的平方根。有时，在选择变量名的时候需要一定的想象力。但是注意，一些符号是不允许出现在变量名中的，例如"£,＄,％,^,＊,＋,－,( ),[ ],♯,!,?,<,>"等，因为这些符号中的大部分都是运算符，比如乘法、乘幂等等。

P.31

　　根据如上所述，如果定义了

```
> SQ.wing1 <- sqrt(Wing1)
```

若要显示 SQ.wing1 的值，只需输入：

```
> SQ.wing1
[1] 7.681146
```

　　或者你可以把需要执行的命令放在圆括号内，R 将会即刻计算出结果：

```
> (SQ.wing1 <- sqrt(Wing1))
[1] 7.681146
```

2.1.2　应用c 函数连接数据

　　如上所述，对于 4 种形态参数的 8 个观测值，我们需要 32 个变量名。而 R 允许在一个变量中存储多个值，这个任务由 c( ) 函数来完成，这里 c 代表连接（Concatenate）。它可以这样使用：

```
> Wingcrd <- c(59, 55, 53.5, 55, 52.5, 57.5, 53, 55)
```

　　这里你可以在逗号的任意一边加上空格以增加代码的可读性，当然，也可以在"＋"或"＜－"任意一边加空格。总的来说，只要能使代码便于识别，这些做法都是允许的。

　　需要注意的是这里 c( ) 函数使用的是圆括号( )，不是方括号[ ]或者花括号{ }，它们具有其它的作用。

　　当然，如前面所讲，你也可以把这些命令从其它文本粘贴到 R 中。如果需要查看结果，只需要输入 Wingcrd，再回车就可以了：

```
> Wingcrd
[1] 59.0 55.0 53.5 55.0 52.5 57.5 53.0 55.0
```

这时,c( )函数生成了一个长度是 8 的向量。如果需要查看 Wingcrd 的第一个值,可以输入 Wingcrd[1],然后回车:

P.32

```
> Wingcrd [1]
[1] 59
```

结果是 59,如果需要查看 Wingcrd 的前五个值,可以输入:

```
> Wingcrd [1 : 5]
[1] 59.0 55.0 53.5 55.0 52.5
```

如果需要查看除了第二个值之外的其它值,可以输入:

```
> Wingcrd [-2]
[1] 59.0 53.5 55.0 52.5 57.5 53.0 55.0
```

可以看到,负号删除了这个值。R 有很多内置的函数,最基本的有例如 sum,mean,max,min,median,var 和 sd 等等,可以通过如下的方法来使用它们,

```
> sum(Wingcrd)
[1] 440.5
```

显然,我们可以将这个和存在一个新的变量中,

```
> S.win <- sum(Wingcrd)
> S.win
[1] 440.5
```

再次强调,这里"."也是变量名的一部分。现在,我们来将表 2.1 中剩下的 3 个形态参数输入 R。这一步比较麻烦,可以选择先将它们输入到一个文本编辑器,再粘贴到 R 中的办法。

```
> Tarsus <- c(22.3, 19.7, 20.8, 20.3, 20.8, 21.5, 20.6,
              21.5)
> Head <- c(31.2, 30.4, 30.6, 30.3, 30.3, 30.8, 32.5,
            NA)
> Wt <- c(9.5, 13.8, 14.8, 15.2, 15.5, 15.6, 15.6,
          15.7)
```

这里我们付出了额外的空间,即每一个命令都占用了两行,只要你在第一行结束的时候使用反斜线或者是逗号,R 都能识别这是一条命令。

一般来说,R 中的变量名最好使用大写字母开头,这样可以避免将它和一些内部函数名混淆,因为大部分内部函数都不是以大写字母开头的,例如,"head"是 R 中的一个内部函数(见? head),所以这里我们需要使用变量名 Head。如果还不放心的话,可以键入? Head,如果出现帮助文件的话,你就需要另换一个变量名了。

        需要注意的是这里有一只鸟的头的尺寸是没有测量的,我们用 NA 来表示,这时如果调用内部函数,NA 的出现可能导致计算结果的错误,例如:

```
> sum(Head)
[1] NA
```

        当然,调用其它如 mean,min,max 等函数会得到同样错误的结果。为了弄清楚为什么得到这样的错误结果,可以键入? sum,在 sum 的帮助文件中我们得到了如下的相关内容。

```
...
sum(..., na.rm = FALSE)
...
If na.rm is FALSE, an NA value in any of the arguments
will cause a value of NA to be returned, otherwise NA
values are ignored.
...
```

        显然可以看到,在向量中如果有一个缺失值的话,默认选项"na.rm = FALSE"将会导致 R 函数 sum 返回 NA(rm 表示移除(remove)),为了避免这种情况,我们可以使用"na.rm = TRUE",

```
> sum(Head, na.rm = TRUE)
[1] 216.1
```

        此时,剩下 7 个值的和就被返回了,同样,可以用此方法来处理 mean,min,max,median 等函数。在大部分电脑上,你可以使用 na.rm = T 来代替 na.rm = TRUE。然而,由于我们面对教室内装有相同操作系统运行相同 R 版本的电脑时,有一些电脑也对 na.rm = T 指令提示错误,所以,还是建议使用 na.rm = TRUE 指令。

        在 R 中使用内部函数前最好查看一下相应的帮助文件,以确保你知道这个函数如何处理缺失值,因为要把所有函数处理缺失值的方法都记住是不太可能的,有些函数使用 na.rm,有些使用 na.action,而有些使用其它的句式。

        至此,我们已经完成了 4 个变量的输入,并且使用了一些简单的函数,例如 mean,min,max 等。接着,我们将考虑如何连接这 4 个变量中的数据:(1)c,cbind 和 rbind 函数;(2)matrix 和 vector 函数;(3)数据框;(4)列表。

        练习使用 c 和 sum 函数完成 2.4 节的习题 1。

2.1.3   使用 c,cbind 和 rbind 结合变量

        我们已经有了 4 列数据,每列含有 8 只鸟的观察值,这 4 列数据分别以

变量 Wingcrd,Tarsus,Head 和 Wt 来标记。c 函数可以用来连结这些数据，同时连结这些数据中的 8 个值，具体操作如下：

```
> BirdData <- c(Wingcrd, Tarsus, Head, Wt)
```

我们使用了变量名 BirdData，而没有使用 data，因为 data 是 R 中的一个内部函数（见？data），这样做可以避免覆盖原函数 data 的值。键入 BirdData，并回车，可以看到这条命令的结果：

```
> BirdData
 [1] 59.0 55.0 53.5 55.0 52.5 57.5 53.0 55.0 22.3
[10] 19.7 20.8 20.3 20.8 21.5 20.6 21.5 31.2 30.4
[19] 30.6 30.3 30.3 30.8 32.5   NA  9.5 13.8 14.8
[28] 15.2 15.5 15.6 15.6 15.7
```

BirdData 是一个长度为 32(4×8) 的单个向量，符号[1]、[10]、[19] 和 [28] 表示新的一行的第一个元素的索引编号，根据电脑显示器的大小不同这些编号在不同的电脑上可能有所不同，你不需理会这些数字。

此时，R 将包含缺失值的 32 个观察值生成了一个单个向量，并没有区分这些值都属于哪一个变量（前 8 个值属于变量 Wingcrd，第二组 8 个值属于变量 Tarsus 等等）。为了实现这一点，我们可以生成一个长度是 32 的向量，命名为 Id（表示 "identity"），给它赋如下这些值。

```
> Id <- c(1, 1, 1, 1, 1, 1, 1, 1, 2, 2, 2, 2, 2, 2, 2,
    2, 3, 3, 3, 3, 3, 3, 3, 3, 4, 4, 4, 4, 4, 4, 4, 4)
> Id
 [1] 1 1 1 1 1 1 1 1 2 2 2 2 2 2 2 2 3 3 3 3 3 3 3
[24] 3 4 4 4 4 4 4 4 4
```

相对于 BirdData，R 可以使 Id 向量在一行中显示更多的数字，只出现了[1]和[24]两个索引编码，这些索引编码在此时是完全不相关的。Id 向量的作用是指出具有相似 Id 值的观察值属于同一种形态变量。然而，当针对大数据库的时候，生成这样的一个向量是很费时间的，幸运的是，R 具有简化这个过程的函数，我们需要的函数是重复地输入值 1~4，每个 8 次：

```
> Id <- rep(c(1, 2, 3, 4), each = 8)
> Id
 [1] 1 1 1 1 1 1 1 1 2 2 2 2 2 2 2 2 3 3 3 3 3 3 3
[24] 3 4 4 4 4 4 4 4 4
```

P.35

这个函数产生了上述相同的结果，符号 rep 代表重复（repeat），它的使用还可以简化为：

```
> Id <- rep(1 : 4, each = 8)
> Id
 [1] 1 1 1 1 1 1 1 1 2 2 2 2 2 2 2 2 3 3 3 3 3 3
[24] 3 4 4 4 4 4 4 4 4
```

这和前面的结果都是相同的,我们可以通过键入如下的指令来查看
1：4命令的作用：

```
> 1 : 4
```

将出现

```
[1] 1 2 3 4
```

显然,符号:并不是除号的意思(在其它程序包中其具有相同的意义)。
此外,你还可以使用 seq 函数来实现这个目的,例如,命令

```
> a <- seq(from = 1, to = 4, by = 1)
> a
```

同样可以产生如下序列：

```
[1] 1 2 3 4
```

因此,对于前面所述的鸟类的观察值,我们同样可以使用如下的命令：

```
> a <- seq(from = 1, to = 4, by = 1)
> rep(a, each = 8)
 [1] 1 1 1 1 1 1 1 1 2 2 2 2 2 2 2 2 3 3 3 3 3 3
[24] 3 4 4 4 4 4 4 4 4
```

rep 函数使得"a"中的每个数字重复了 8 次。此时,你可能认为我们使
用了过多的方法,从而使事情变得无谓的复杂起来。但是,在 R 中一些函
数的使用需要提供类似于表 2.1 那样的数据(例如,对于主成分分析或多
维尺度分析的多元分析函数),而另一些函数的使用需要提供一个单独向
量和识别这组观察值的一个变量(例如上述的 Id),这样的函数主要包括
t-检验,单因子方差分析,线性回归,以及一些作图工具,如 lattice 包中
的 xyplot(见第 8 章)。所以,熟练地使用 rep 函数将可以节省很多时间。

P.36   至此,我们仅仅实现了数字的连结,假如我们想生成一个长度为 32 的
向量"Id",这个向量包含了单词"Wingcrd"8 次,"Tarsus"8 次,等等。我们
可以先产生一个名为 VarNames 的新变量,这个变量包含了前面所提到的 4
个形态参数：

```
> VarNames <- c("Wingcrd", "Tarsus", "Head", "Wt")
> VarNames
[1] "Wingcrd" "Tarsus" "Head" "Wt"
```

注意这些都只是名称,而不是含有数值的变量。然后,我们再利用 rep 函数

来生成所需要的向量：

```
> Id2 <- rep(VarNames, each = 8)
> Id2
 [1] "Wingcrd" "Wingcrd" "Wingcrd" "Wingcrd"
 [5] "Wingcrd" "Wingcrd" "Wingcrd" "Wingcrd"
 [9] "Tarsus"  "Tarsus"  "Tarsus"  "Tarsus"
[13] "Tarsus"  "Tarsus"  "Tarsus"  "Tarsus"
[17] "Head"    "Head"    "Head"    "Head"
[21] "Head"    "Head"    "Head"    "Head"
[25] "Wt"      "Wt"      "Wt"      "Wt"
[29] "Wt"      "Wt"      "Wt"      "Wt"
```

这里 Id2 是一个被赋予了具有固定顺序的名字的字符串，它和 Id 的区别仅仅是所包含内容的名称不同而已。注意这里不能丢掉"each = "，否则，你将得到：

```
> rep(VarNames, 8)
 [1] "Wingcrd" "Tarsus" "Head" "Wt"
 [5] "Wingcrd" "Tarsus" "Head" "Wt"
 [9] "Wingcrd" "Tarsus" "Head" "Wt"
[13] "Wingcrd" "Tarsus" "Head" "Wt"
[17] "Wingcrd" "Tarsus" "Head" "Wt"
[21] "Wingcrd" "Tarsus" "Head" "Wt"
[25] "Wingcrd" "Tarsus" "Head" "Wt"
[29] "Wingcrd" "Tarsus" "Head" "Wt"
```

它是将整个包含 4 个变量名的向量 VarNames 重复循环了 8 次，并不是这里我们所要的结果。

c 函数是我们结合数据或者变量的一种选择，另一种选择是 cbind 函数，它的作用是将所结合的变量以列的形式输出，例如，我们将 cbind 函数的输出存储在变量 Z 中，然后键入 Z 并回车，将看到以列的形式显示的数值：

P.37

```
> Z <- cbind(Wingcrd, Tarsus, Head, Wt)
> Z
     Wingcrd  Tarsus  Head   Wt
[1,]   59.0    22.3   31.2   9.5
[2,]   55.0    19.7   30.4  13.8
[3,]   53.5    20.8   30.6  14.8
[4,]   55.0    20.3   30.3  15.2
[5,]   52.5    20.8   30.3  15.5
[6,]   57.5    21.5   30.8  15.6
[7,]   53.0    20.6   32.5  15.6
[8,]   55.0    21.5    NA   15.7
```

　　当我们有某些特殊要求的时候,这样输出数据将是很必要的,例如,需要做主成分分析时。假设需要访问 Z 的第一列,则可以使用命令 Z[,1]:

```
> Z[, 1]
[1] 59.0 55.0 53.5 55.0 52.5 57.5 53.0 55.0
```

　　同样,也可以使用:

```
> Z[1 : 8, 1]
[1] 59.0 55.0 53.5 55.0 52.5 57.5 53.0 55.0
```

　　结果是一样的。如需访问第二行,则可以输入:

```
> Z[2, ]
Wingcrd      Tarsus       Head       Wt
  55.0         19.7       30.4       13.8
```

　　也可以输入:

```
> Z[2, 1:4]
Wingcrd      Tarsus       Head       Wt
  55.0         19.7       30.4       13.8
```

　　如下所列的命令都是有效的。

```
> Z[1, 1]
> Z[, 2 : 3]
> X <- Z[4, 4]
> Y <- Z[, 4]
> W <- Z[, -3]
> D <- Z[, c(1, 3, 4)]
> E <- Z[, c(-1, -3)]
```

　　第一条命令访问的是第一只鸟的 Wingcrd 值;第二条命令给出的是第二列和第三列的全部数据;X 表示的是第 4 只鸟的 Wt 值;Y 列出了所有鸟的 Wt 值。负号在这里表示不包含所描述的列或者行,因此,W 包含的是除了 Head 值之外的所有数据。我们还可以利用 c 函数来访问 Z 中无序的列或者行,也就是说,D 包含了 Z 中第一、第三和第四列的数据,E 包含了除去第一列和第三列的数据。不过,必须保证所输入的下标值没有超过变量允许的范围,例如,Z[8,4]这种表示是有效的,但是 Z[9,5],Z[8,6]或者 Z[10,20]都是没有定义的(我们只有 8 只鸟和 4 个形态参数变量),如果你输入了这些命令,R 将会显示如下的错误提示:

```
Error: subscript out of bounds
```

　　如果想知道 Z 的维数,可以使用:

```
> dim(Z)
[1] 8 4
```

此命令的输出是包含了两个元素的一个向量：分别表示 Z 的行数和列数。你还可以通过参考 nrow 和 ncol 的帮助文件来得到另外的可以实现此功能的办法。有时，将 dim 函数的输出存储起来会更加有用，可以使用

```
> n <- dim(Z)
> n
  [1] 8 4
```

或者，若仅需要存储 Z 的行数，可以使用

```
> nrow <- dim(Z)[1]
> nrow
  [1] 8
```

相比于 nrow，可能以 zrow 作为变量名会更合适。与 cbind 函数将变量以列的形式进行整理的功能类似，rbind 函数具有将数据以行进行结合的作用，我们可以这样使用它：

```
> Z2 <- rbind(Wingcrd, Tarsus, Head, Wt)
> Z2
         [,1] [,2] [,3] [,4] [,5] [,6] [,7] [,8]
Wingcrd  59.0 55.0 53.5 55.0 52.5 57.5 53.0 55.0
Tarsus   22.3 19.7 20.8 20.3 20.8 21.5 20.6 21.5
Head     31.2 30.4 30.6 30.3 30.3 30.8 32.5   NA
Wt        9.5 13.8 14.8 15.2 15.5 15.6 15.6 15.7
```

这些数据和前面所讲的是相同的，只不过行表示形态变量而列表示鸟。

此外，edit 函数和 fix 函数都是可以对 Z 或者 Z2 进行操作的有用的工具，具体的使用方法可以参考帮助文件。

练习使用 c 和 cbind 函数完成 2.4 节的习题 2，这个习题使用的是一个流行病学数据库。

2.1.4 使用vector 函数结合数据 *

P.39

为了避免引入过多的信息，我们在前面的学习中没有涉及到 vector 函数，初学者可以跳过这一部分内容。vector 函数的作用与 c 函数类似，它可以用来代替 c 函数。假如我们要在 R 中生成一个长度为 8，包含了所有 8 只鸟的 Wingcrd 数据的一个向量，我们可以像如下这么做。

```
> W <- vector(length = 8)
> W[1] <- 59
> W[2] <- 55
> W[3] <- 53.5
> W[4] <- 55
> W[5] <- 52.5
> W[6] <- 57.5
> W[7] <- 53
> W[8] <- 55
```

　　如果在第一条命令之后直接键入 W,你将会得到一个 FALSE 值的向量,所以,必须在所有元素的值被输入之后再键入 W:

```
> W
[1] 59.0 55.0 53.5 55.0 52.5 57.5 53.0 55.0
```

　　这个结果和使用 c 函数所得到的结果是一样的,而 vector 函数的优点是我们可以事先定义向量的长度,这一点有时是很有用的,例如做循环运算的时候。但是,一般情况下还是使用 c 函数结合数据比较简单。

　　与 c 函数的输出类似,我们可以使用 W[1],W[1:4],W[2:6],W[-2],W[c(1,3,5)]之类的指令来访问 W 中的一些特定的元素,同样,W[9]这样的指令将会输出 NA,因为第 9 个元素是没有定义的。

　　练习使用 vector 函数完成 2.4 节的习题 3,这个习题使用的是一个流行病学数据库。

2.1.5　使用矩阵结合数据*

　　初学者可以跳过这一部分内容。

　　为了代替向量显示 4 个变量 Wingcrd,Tarsus,Head 和 Wt,每个长度为 8,我们可以生成一个 8×4 的矩阵包括上述数据,该矩阵的生成可以通过如下命令:

P.40
```
> Dmat <- matrix(nrow = 8, ncol = 4)
> Dmat
      [,1]   [,2]   [,3]   [,4]
[1,]   NA     NA     NA     NA
[2,]   NA     NA     NA     NA
[3,]   NA     NA     NA     NA
[4,]   NA     NA     NA     NA
[5,]   NA     NA     NA     NA
[6,]   NA     NA     NA     NA
[7,]   NA     NA     NA     NA
[8,]   NA     NA     NA     NA
```

起初，我们想将这个矩阵命名为 D，后来发现这个 D 在 Tinn-R 中是蓝色的字体，这表示它是一个已经存在的函数名。输入? D，可以看到它表示的是一个计算导数的函数，为了不覆盖它，我们使用记号"Dmat"，这里"mat"代表矩阵(matrix)。

注意到这里的 Dmat 是一个仅含有 NA 的 8×4 的矩阵，需要填入适当的数值，我们可以这样来进行操作：

```
> Dmat[, 1] <- c(59, 55, 53.5, 55, 52.5, 57.5, 53, 55)
> Dmat[, 2] <- c(22.3, 19.7, 20.8, 20.3, 20.8, 21.5,
                 20.6, 21.5)
> Dmat[, 3] <- c(31.2, 30.4, 30.6, 30.3, 30.3, 30.8,
                 32.5, NA)
> Dmat[, 4] <- c(9.5, 13.8, 14.8, 15.2, 15.5, 15.6,
                 15.6, 15.7)
```

这种情况下，Dmat 的值是以列的形式输入的，同样，我们也可以以行的形式输入。键入 Dmat，可以得到与使用 cbind 函数类似的结果，只是 Dmat 没有列标签。

```
> Dmat
      [,1] [,2] [,3] [,4]
[1,] 59.0 22.3 31.2  9.5
[2,] 55.0 19.7 30.4 13.8
[3,] 53.5 20.8 30.6 14.8
[4,] 55.0 20.3 30.3 15.2
[5,] 52.5 20.8 30.3 15.5
[6,] 57.5 21.5 30.8 15.6
[7,] 53.0 20.6 32.5 15.6
[8,] 55.0 21.5   NA 15.7
```

我们可以使用 colnames 函数来给 Dmat 的列加上名称：　　　　P.41

```
> colnames(Dmat) <- c("Wingcrd", "Tarsus", "Head","Wt")
> Dmat

     Wingcrd Tarsus Head   Wt
[1,]    59.0   22.3 31.2  9.5
[2,]    55.0   19.7 30.4 13.8
[3,]    53.5   20.8 30.6 14.8
[4,]    55.0   20.3 30.3 15.2
[5,]    52.5   20.8 30.3 15.5
[6,]    57.5   21.5 30.8 15.6
[7,]    53.0   20.6 32.5 15.6
[8,]    55.0   21.5   NA 15.7
```

显然，rownames 函数也是存在的，可以参考帮助文件来查看它的使用方法。

简而言之,我们利用矩阵结合数据的步骤是,首先,定义了一个具有特定大小的矩阵,然后以列的形式对其元素进行了赋值。注意,在赋值之前必须先定义矩阵。当然,你也可以一个元素一个元素的进行赋值,例如,

```
> Dmat[1, 1] <- 59.0
> Dmat[1, 2] <- 22.3
```

等等,但是,这样做会很浪费时间。如果我们的数据已按照变量进行了分类,例如 Wingcrd,Tarsus,Head,Wt,我们可以不使用常规的方法进行矩阵的定义与赋值,下面的命令会更加好用:

```
> Dmat2 <- as.matrix(cbind(Wingcrd, Tarsus, Head, Wt))
```

Dmat2 和 Dmat 是完全相同的。这种使用不止一种方法来解决这个问题的思想是很必要的,因为有些函数需要使用矩阵作为输入,当使用数据框(见下一节)时就会提示错误,因此,如果能掌握这种思想,有些函数,例如 as.matrix,is.matrix(这些函数的参数如果是矩阵将会提示 TRUE,否则将会提示 FALSE),as.data.frame,is.date.frame 将会随时给你提供很大的帮助。

对于矩阵 A 和 B 专门的操作符还有进行转置运算的 t(A),进行矩阵乘法的 A % * % B,求逆矩阵的 solve(A)等。

练习处理 2.4 节习题 4 中的矩阵。

2.1.6 使用data.frame 函数结合数据

P.42 目前为止,我们已经使用了 c,cbind,rbind,vector 和 matrix 函数来结合数据,另外一个可供选择的就是数据框,我们可以使用数据框结合具有相同长度的变量,而数据框的每一行就包含有同一样本的不同观察值,这一点上它和 matrix 或者 cbind 函数是比较类似的。使用前面所讲的鸟的 4 种形态参数,可以这样生成一个数据框:

```
> Dfrm <- data.frame(WC = Wingcrd,
                      TS = Tarsus,
                      HD = Head,
                       W = Wt)
> Dfrm
    WC   TS   HD    W
1 59.0 22.3 31.2  9.5
2 55.0 19.7 30.4 13.8
```

```
3 53.5 20.8 30.6 14.8
4 55.0 20.3 30.3 15.2
5 52.5 20.8 30.3 15.5
6 57.5 21.5 30.8 15.6
7 53.0 20.6 32.5 15.6
8 55.0 21.5    NA 15.7
```

data.frame 函数在这里创建了一个名为 Dfrm 的对象,而 Dfrm 里存储了鸟的四种形态参数的值,这是这个函数最基本的用法。数据框的优点是可以在不影响原始数据的基础上改变数据,例如,我们可以在数据框 Dfrm中结合原始(已重命名)的体重值和体重值的均方根:

```
> Dfrm <- data.frame(WC = Wingcrd,
                     TS = Tarsus,
                     HD = Head,
                      W = Wt
                     Wsq = sqrt(Wt))
```

在数据框中,我们也可以结合数值变量、字符串和因子,因子是一种名义(分类)变量,后面将会讨论它。

需要注意,在 c 函数中所生成的变量 Wt 和数据框 Dfrm 中的变量 W 是两个不同的实体,为了验证这一点,我们移除变量 Wt(这是在 c 函数中输入的变量):

```
> rm(Wt)
```

如果此时再键入 Wt,R 将会提示错误:

```
> Wt
Error: object "Wt" not found
```

P.43

但是变量 W 却还存在于数据框 Dfrm 中:

```
> Dfrm$W
[1] 9.5 13.8 14.8 15.2 15.5 15.6 15.6 15.7
```

数据框较之 cbind 函数和 matrix 函数具有可以结合不同类型的数据的功能,所以,它的使用还是很必要的。我们通常这样使用数据框,首先,我们向 R 中输入数据,主要使用 2.2 节的方法,然后,对数据做一些改变(例如移除极端值,应用变换,增加分类变量等等),再将数据存入数据框中以备后续分析的使用。

2.1.7 使用 list 函数结合数据*

初学者可以跳过这一部分内容。目前为止,我们所学的结合数据的工具都是生成一个表格,表格的每一行代表一个样本单元(例如一只鸟)。假设现在需要这样一个黑盒子,这个盒子中可以放入尽可能多的各种各样的变量:一些可能是相关的,一些可能具有相似的维数,一些可能是向量,一些是矩阵,一些可能是包含有变量名的字符串,这就是 list 函数可以完成的功能。它区别于我们以前所用的方法的最大不同点就是它的每一行不仅仅代表一个样本单元。举一个简单的例子,变量 x1,x2,x3 和 x4 都包含有一些数据:x1 是一个长为 3 的向量,x2 包含 4 个字符,x3 是一个一维变量,x4 是一个 2×2 的矩阵,而所有的这些变量都可以输入到一个 list 函数中:

```
> x1 <- c(1, 2, 3)
> x2 <- c("a", "b", "c", "d")
> x3 <- 3
> x4 <- matrix(nrow = 2, ncol = 2)
> x4[, 1] <- c(1, 2)
> x4[, 2] <- c( 3, 4)
> Y <- list(x1 = x1, x2 = x2, x3 = x3, x4 = x4)
```

　　此时再键入 Y,可以得到以下结果:

P.44
```
> Y

$x1
[1] 1 2 3

$x2
[1] "a" "b" "c" "d"

$x3
[1] 3

$x4
     [,1]  [,2]
[1,]    1     3
[2,]    2     4
```

　　所有包含在 Y 中的信息都是可以通过键入相应的指令来访问的,例如,Y $ x1,Y $ x2 等等。我们之所以引入 list 函数的原因是因为几乎所有 R 中的函数(比如线性回归,广义线性模型,t-检验等等)的输出结果都是保存在列表中的。例如,如下代码应用线性回归模型实现将翅膀长度表示为体重的函数。

```
> M <- lm(WC ~ Wt, data = Dfrm)
```

　　我们不需要知道 lm 函数具体是如何执行的,或者 R 是怎样实现线性回归的(可以通过键入? lm 查看相应的帮助文件),我们所要强调的是 R 将

线性回归函数的所有结果都存储在了 M 中,如果键入

```
> names (M)
```

将得到如下这些奇特的输出结果:

```
[1]  "coefficients"  "residuals"      "effects"
[4]  "rank"          "fitted.values"  "assign"
[7]  "qr"            "df.residual"    "xlevels"
[10] "call"          "terms"          "model"
```

我们可以通过键入 M $ coefficients,M $ residuals 等命令来分别访问 coefficients,residuals 等数据。所以,可以说 M 是一个包含了不同类型数据的列表,和上面所提及的 Y 是类似的。比较好的一点是 R 提供了各种各样的函数来提取所需要的列表中的信息(比如估计值,p-值等等),具体可参考 lm 的帮助文件。

对于前面表 2.1 所给出的鸟的形态参数的数据,由于其每一行都表示 P.45
同一只鸟的数据,所以将其存入一个列表中是没有多大的意义的。然而,当我们的任务是生成一个列表,表中需要将所有数据放在一个长向量中,还需要另一个向量来识别这些变量(例如 ID 的作用),需要一个 8×4 的矩阵来表示这些数据,并且还需要一个包含了 4 种形态参数名称的向量时,我们可以这样来处理它:

```
> AllData <- list(BirdData = BirdData, Id = Id2, Z = Z,
                VarNames = VarNames)
```

结果将是:

```
> AllData
$BirdData
 [1] 59.0 55.0 53.5 55.0 52.5 57.5 53.0 55.0 22.3
[10] 19.7 20.8 20.3 20.8 21.5 20.6 21.5 31.2 30.4
[19] 30.6 30.3 30.3 30.8 32.5    NA  9.5 13.8 14.8
[28] 15.2 15.5 15.6 15.6 15.7

$Id
 [1] "Wingcrd" "Wingcrd" "Wingcrd" "Wingcrd"
 [5] "Wingcrd" "Wingcrd" "Wingcrd" "Wingcrd"
 [9] "Tarsus"  "Tarsus"  "Tarsus"  "Tarsus"
[13] "Tarsus"  "Tarsus"  "Tarsus"  "Tarsus"
[17] "Head"    "Head"    "Head"    "Head"
[21] "Head"    "Head"    "Head"    "Head"
[25] "Wt"      "Wt"      "Wt"      "Wt"
[29] "Wt"      "Wt"      "Wt"      "Wt"
```

```
$Z
      Wingcrd   Tarsus   Head    Wt
[1,]     59.0    22.3    31.2   9.5
[2,]     55.0    19.7    30.4  13.8
[3,]     53.5    20.8    30.6  14.8
[4,]     55.0    20.3    30.3  15.2
[5,]     52.5    20.8    30.3  15.5
[6,]     57.5    21.5    30.8  15.6
[7,]     53.0    20.6    32.5  15.6
[8,]     55.0    21.5      NA  15.7

$VarNames
 [1]"Wingcrd""Tarsus" "Head" "Wt"
```

　　显然，以这种形式来存储数据并不是必须的，我们仅需要其中一种就足够了。但是，这种多样的存储形式为我们将来在这些数据上使用很多其它的函数提供了方便。然而，我们的程序设计方式还是仅在需要的时候对数据进行转化。

P.46　　此时，在 R 中键入 AllData，就可以看到我们在这一部分所涉及的大部分数据格式，能做到这一点是非常不错的。

　　在 list 函数中不能使用"<-"符号，只能使用"="。图 2.1 给出了我们

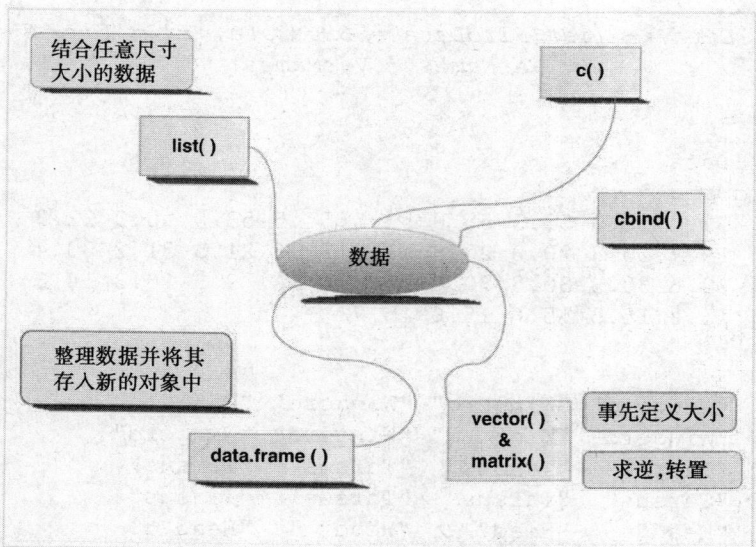

图 2.1　各种数据存储方法的总结。当数据由 cbind，matrix，或者 data.frame 存储时假设数据的每一行代表同一种观察值（比如一个样本）

迄今为止所学的数据存储方法的一个总结。

练习 2.4 节习题 5,此题考查使用 data.frame 和 list 命令处理流行病学数据库。

2.2 数据的载入

对于大型的数据库,像我们前面所讲的将其逐个键入 R 中是很不现实的。而学习一个新程序包中最困难的就是如何载入数据了,不过如果你掌握了这一步,你就可以很轻松的进行其它操作了。接下来的内容将讲述各种各样的载入数据的方法,我们将数据分为大型数据库和小型数据库以区别对待,并考虑它们是否存储于 Excel、ascii 文本文件、数据库程序,或者其它统计包中。

2.2.1 Excel 中的数据载入

一般情况下有两种将数据从 Excel(或电子数据表、数据库程序)载入 P.47
R 的方法。第一种比较简单,也是我们推荐使用的,步骤是:(1)将 Excel 中的数据准备好,(2)将其提取到制表符分隔的 ascii 文件中,(3)关闭 Excel,(4)使用 read.table 函数将数据载入到 R 中,接下来的内容将详细介绍这其中的每一步。第二种方法是一个专门的 R 程序包,RODBC,它可以访问 Excel 中选定的行和列。应该注意的是 Excel 并不是最适合于处理大型数据库的软件,因为它的列是有限制的。

2.2.1.1 Excel 中的数据准备

为了简单起见,我们建议将数据排列为样本-变量的形式,也就是说,列表示各种变量,行表示各种样本、观察值、案例、对象或者其它你称之为样本单元的东西。以 NA(大写)表示缺失值,一般最好以 Excel 中的第一列来识别样本单元,第一行作为变量名。与前面的叙述一致,最好避免使用包含如下一些符号的名称:£, $, %, ^, &, *, (,), —, #, ?, ', ·, <, >, /, |, \, [,], {, 和},同样,也要避免使用包含空格的名称(字段或数值)。尽量使用简单的名称,不要太长,否则将会使图表中因为包含太长名字而不易识别。

图 2.2 中的 Excel 电子数据表是一组乌贼的性腺指数(GSI,即与身体总重量有关的性腺重量)的数据库(来自英国阿伯丁大学 Graham Pierce 的未发表的数据资料),各种数据均测量于苏格兰地区不同年月捕获的乌贼。

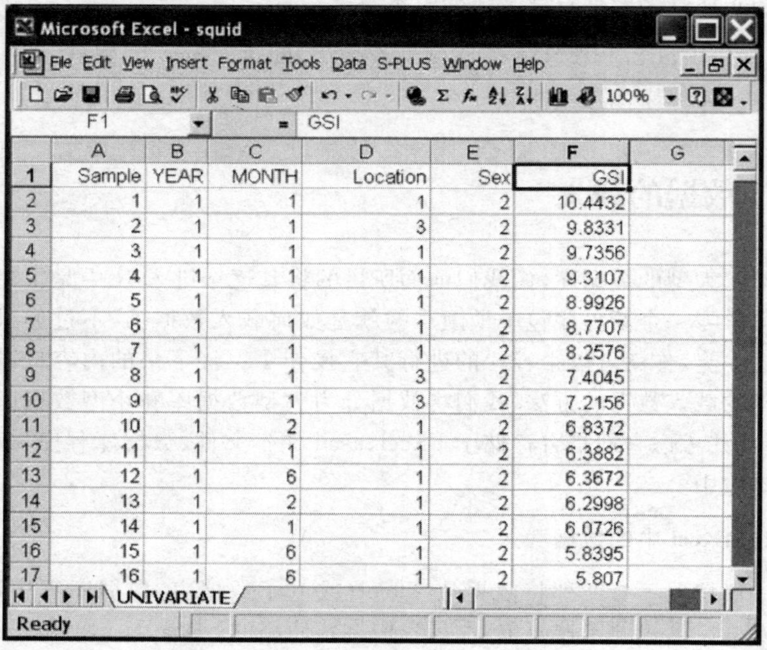

	A	B	C	D	E	F
1	Sample	YEAR	MONTH	Location	Sex	GSI
2	1	1	1	1	2	10.4432
3	2	1	1	3	2	9.8331
4	3	1	1	1	2	9.7356
5	4	1	1	1	2	9.3107
6	5	1	1	1	2	8.9926
7	6	1	1	1	2	8.7707
8	7	1	1	1	2	8.2576
9	8	1	1	3	2	7.4045
10	9	1	1	3	2	7.2156
11	10	1	2	1	2	6.8372
12	11	1	1	1	2	6.3882
13	12	1	6	1	2	6.3672
14	13	1	2	1	2	6.2998
15	14	1	1	1	2	6.0726
16	15	1	6	1	2	5.8395
17	16	1	6	1	2	5.807

图 2.2　拟被载入 R 中的数据库在 Excel 中的前期准备。行代表个体(每一行表示一只乌贼),列表示不同的变量。第一行和第一列是标签,均不含有空格,并且没有空的数据

2.2.1.2　数据提取到制表符分隔的 ascii 文件

在 Excel 中,依次进入**文件->另存为->保存类型**(**File -> Save As -> Save as Type**),选择**文本文件(制表符分隔)**,将图 2.2 中关于乌贼的数据提取到一个制表符分隔的 ascii 文件中,存储目录为 C:\RBook,命名为 squid.txt。Excel 文件和 ascii 文件都可以从本书的主页中下载,如果你把它们下载到不同的目录下,则需要调整相应的路径。

在这一步中建议关闭 Excel 以方便其它程序访问新生成的文本文件。

警告:在某些情况下,如果你在电子数据表里输入了注释,Excel 有在 ascii 文件中加入额外一些全是 NA 列的趋势。在 R 中,这些列将会以 NA 出现,为了避免这种情况的发生,在提取数据前先删除这样的列。

2.2.1.3　read.table 函数的使用

P.48 当制表符分隔的 ascii 文件中没有空内容或者没有包含空格的名称时,我们就可以开始将数据载入 R 中。使用 read.table 函数,其基本的用法如下:

```
> Squid <- read.table(file = "C:\\RBook\\squid.txt",
                       header = TRUE)
```

这个命令实现了把数据从 *squid.txt* 文件中读取出来,以数据框的形式存储到 Squid 中。我们强烈建议使用简单、明确的变量名称。例如,我们不建议使用譬如 SquidNorthSeaMalesFemales 这样的名称,因为你很容易将它写错,导致 R 无法正确执行。函数 read.table 中的 header = TRUE 选项表示第一行包括了标签,如果你的文件中没有标签,可以将它改为 header = FALSE。还有另外一种识别这种文本文件地址的方法,它是:

```
> Squid <- read.table(file = "C:/RBook/squid.txt",
                       header = TRUE)
```

这两种命令的区别在于斜线的不同。如果在这一步出现了错误信息, P.49 可以首先检查文件名和目录路径是否正确。我们强烈建议使用简单的目录名,因为我们曾看到过很多人为了找出藏于 150~200 个字符长度的目录名中的一个错误而耽误半个多小时使 read.table 函数不能运行。在我们的示例中,目录名的结构是非常简单的,C:/RBook。而大多数情况下,目录的路径都要长一些,如果单纯依靠记忆来写这些路径是会经常出错的,这时,你可以右击文件 squid.txt(在 Windows 操作系统下),选择属性(图 2.3)。在这里,可以直接把整个目录路径(包括文件名)复制粘贴到 R 的文本编辑器中。但是,不要忘记了多加一条斜线\。

如果你使用的名称含有"My Files",一定要注意这里面的空格和大写 P.50 字母。另一个经常出现的错误就是小数点字符的使用,默认情况下,R 认为 ascii 文本文件中的数据使用点作为小数点,事实上,函数 read.table 的使用是这样的:

```
> Squid <- read.table(file = "C:/RBook/squid.txt",
                       header = TRUE, dec = ".")
```

如果你使用逗号作为小数点,应该将最后一个选项改为 dec = ",",并重新执行命令。

警告:如果你的电脑使用逗号作为小数点,并且你的数据是从 Excel 提取到制表符分隔的 ascii 文件中的,那么必须使用 dec = ","选项。但是,如果使用的是他人用点作为小数点生成的 ascii 文件,那么必须使用 dec = "."选项。例如,这本书的主页上的所有 ascii 文件都是以点作为小数点的,所以,所有数据库被载入的时候都必须使用 dec = "."选项,哪怕你的电脑是以逗号作为小数点的。如果你使用了错误的设定,R 将会把所有的数值数据作为分类变量载入。在下一章中,我们将接触到 str 函数,此时就需要

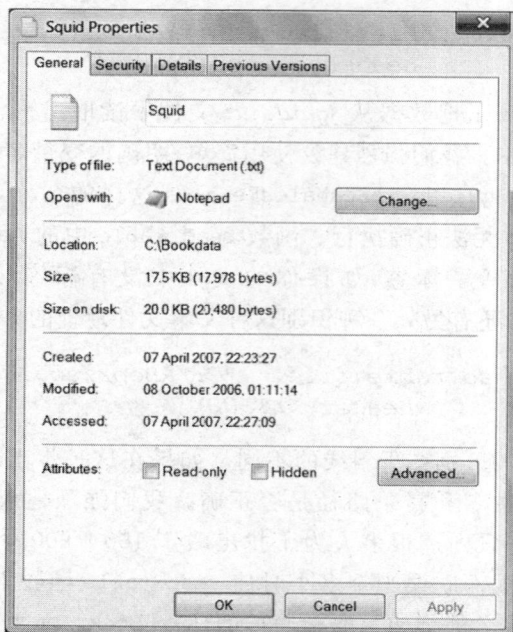

图 2.3 文件 *squid.txt* 的属性。文件名是 squid.txt，所在位置是 C:\Bookdata，
你可以选择这个地址，并将其复制粘贴到 R 编辑器的 read.table 函数
中，在 Windows 操作系统里需多加一条斜线\

先验证载入数据的格式再进行操作了。

如果变量名中含有空格，并且你按照上述的方式使用了 read.table 函数，你将会得到如下的结果（我们临时在 Excel 里将变量名 GSI 改为 G S I，以得到此错误结果）：

```
Error in scan(file,what,nmax,sep,dec,quote,skip,nlines,
na.strings,: line 1 did not have 8 elements
```

R 此时会对每一行元素的数量提出质疑，对此，一个很简单的处理办法是移除 Excel 中名称或数据字段中的空格，按上述步骤再执行一遍就可以了。如果数据中包括了空内容或者字段中有空格，也会导致同样的错误。除了更改原始的 Excel 数据之外，还可以选择告诉 read.table 函数数据字段中含有空格。有很多选项都可以达到这样的目的，具体可以参考 read.table 的帮助文件。帮助文件的第一部分如下所示，你不需要知道所有选项的意义，只需要了解如何更改这些设置就可以了。

```
read.table(file, header = FALSE, sep = "",
       quote = "\"" ", dec = ".", row.names, col.names,
       as.is = !stringsAsFactors,
       na.strings = "NA", colClasses = NA, nrows=-1,
       skip = 0, check.names = TRUE,
       fill = !blank.lines.skip,
       strip.white = FALSE, blank.lines.skip = TRUE,
       comment.char = "#", allowEscapes = FALSE,
       flush = FALSE,
       stringsAsFactors = default.stringsAsFactors())
```

P.51

这是一个有很多选项的函数。例如，如果在数据字段中含有空格，可以使用 strip.white = TRUE 选项，其它选项的解释可以在帮助文件语法部分找到。帮助文件还给出了以 csv 格式读取数据的信息。read.table 函数还包含了一个互联网上文本文件的 URL 连接。

如果你还需要从同一目录下读取更多的文件，利用 setwd 函数设置一下工作目录将会是更有效的方法。此时，你就可以省略掉 read.table 函数中的目录路径了，如下所示：

```
> setwd("C:\\RBook\\")
> Squid <- read.table(file = "squid.txt",
             header = TRUE)
```

在这本书中，我们都是通过先使用 setwd 函数设置工作目录，再使用 read.table 函数来载入数据库的。这样做主要是因为并非这本书的所有读者都把数据文件存放在 C 盘中（一些电脑甚至没有 C 盘）。因此，这部分人需要做的仅仅是改一下 setwd 函数中的目录名就可以了。

除了 read.table 函数之外，你还可以通过 scan 函数来载入数据。它们的不同点是 read.table 函数把数据存储在数据框中，而 scan 函数把数据存储在矩阵中。在数据都是数值的情况下，scan 函数的运行速度更快（对于大数据库而言，一般指数百万个数据）。对于小数据库而言，就没有讨论运行速度的必要性了。关于 scan 函数更细节的内容，可以通过?scan 来参考它的帮助文件。

练习使用 read.table 函数和 scan 函数完成 2.4 节习题 6、习题 7，这些习题使用的是流行病学数据和深海研究数据。

2.2.2 从其它统计程序包中访问数据**

除了从 ascii 文件中访问数据之外，R 还可以从其它统计程序包中载入数据，例如，Minitab，S-PLUS，SAS，SPSS，Stata，Systat 等等。但是，最好

的工作方法还是直接面对原始数据,而不是载入可能经过另一种统计软件包处理过的数据。可以通过键入:

> *library(foreign)*

P.52 来得到相应的操作。读取 Minitab 文件的帮助文件可以这样得到:

> *?read.mtp*

这里给出 write.foreign 函数的语法:

```
write.foreign(df, datafile, codefile,
    package = c("SPSS", "Stata", "SAS"), ...)
```

因此,你可以把 R 中生成的数据信息提取到一些统计程序包中,具体的操作可以参考 write.foreign 函数的帮助文件。

2.2.3   访问数据库***

这部分的内容非常具有技术性,它和从数据库载入数据是相关的。访问或者载入数据库中的数据都是比较简单的,在 R 中有一个特殊的程序包,提供了快速访问任何类型数据库的一些工具,通过输入:

> *library(RODBC)*

可以使得需要的目标可用。当驱动程序存在于主系统时,程序包应用标准数据库实施开放式数据库连接(Open DataBase Connectivity,ODBC)。因此,在安装数据库程序包时设置必要的驱动程序是很重要的。在 Windows 中,可以通过管理工具菜单(Administrative Tools menu)或 ODBC 下的帮助和支持文件(Help and Support pages)来核实这一点。假定你已安装了正确的驱动程序,可以使用 odbcConnectAccess 命令来建立一个与 Microsoft Access 数据库的连接,调用这个连接通道可以输入:

> *setwd("C:/RBook")*
> *channel1 <- odbcConnectAccess(file =*
>   *"MyDb.mdb", uid = "", pwd = "")*

可以看到,这个名为 MyDB.mdb 的数据库并不要求用户身份(user identification,uid)或者是口令(password,pwd),因此可以省略这些选项。你也可以通过 DSN 命名协议在你的电脑上定义一个数据库,如图 2.4 所示。

现在我们就可以直接使用数据库的名称来连接数据库了:

> *Channel1 <- odbcConnect("MyDb.mdb")*

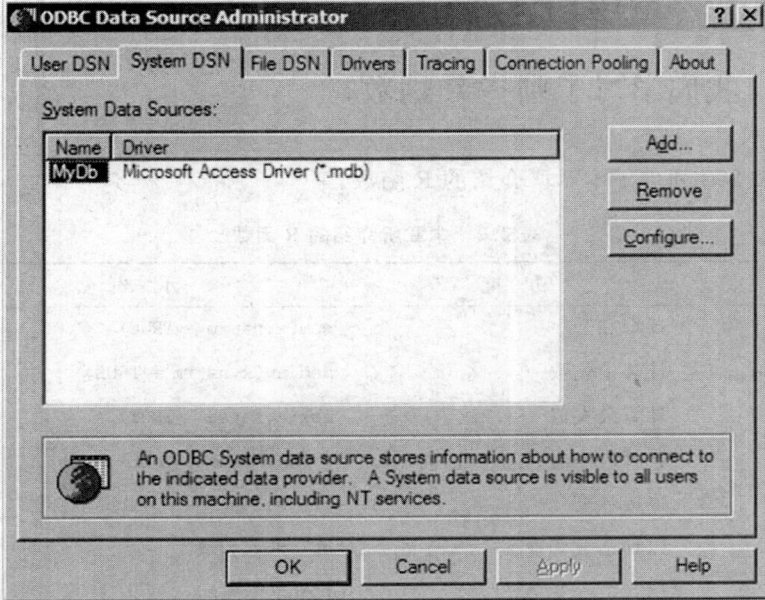

图 2.4 Windows 数据源管理器,具有系统数据源名称的数据库 MyDb

一旦我们建立了连接,访问数据将是很简单的:

```
> MyData <- sqlFetch(channel1, "MyTable")
```

我们使用了 sqlFetch 来得到数据,并将其存入 MyData 中。这并不是 ODBC 连接所能做的全部事情,一旦你掌握了必要的数据库语言,你还可以选择数据库表中的某些行,对其进行任何有趣的操作。这个语言被称为结构化查询语言(Structured Query Language,SQL),它并不难学。在 RODBC 中发送一个 SQL 查询到数据库的指令是 sqlQuery(channel, query),这个命令中 query 仅仅是引号中的 SQL 查询。然而,就算没有学习 SQL,还是有一些可用的命令使得我们对于数据库的工作变得简单,你可以使用 sqlTables 来得到一些数据库中表的信息,例如,SqlTables (channel)或者 sqlColumns(channel,"MyTable")可以得到名为 MyTable 的数据库中列的信息。其它的一些命令有,sqlSave,记录或者更新数据库中的表;sqlDrop,移除一个表;sqlClear,删除表中的内容。

Windows 用户可以使用 odbcConnectExcel 直接连接 Excel 中的电子数据表,并且从任意表单(sheets)中选择一些行或列,这些表单代表不同的表。

此外,对于 Oracle(Roracle)和 MySQL(RMySQL)也有一些特殊的程

序包可以实现接口连接。

2.3　我们学习了哪些 R 函数?

表 2.2 列出了本章所介绍的 R 函数。

表 2.2　本章所介绍的 R 函数

函　　数	功　　能	示　　例
sum	计算和	sum(x,na.rm = TRUE)
median	计算中位数	median(x,na.rm = TRUE)
max	计算最大值	max(x,na.rm = TRUE)
min	计算最小值	min(x,na.rm = TRUE)
c()	连接数据	c(1,2,3)
cbind	以列结合变量	cbind(x,y,z)
rbind	以行结合变量	rbind(x,y,z)
vector	以向量形式结合数据	vector(length = 10)
matrix	以矩阵形式结合数据	matrix(nrow = 5,ncol = 10)
data.frame	以数据框形式结合数据	data.frame(x = x,y = y,z = z)
list	以列表形式结合数据	list(x = x,y = y,z = z)
rep	循环数值或变量	rep(c(1,2,3),each = 10)
seq	生成一个有序的序列	seq(1,10)
dim	矩阵或者 cbind 输出的维数	dim(MyData)
colnames	矩阵或者 cbind 输出的列命名	colnames(MyData)
rownames	矩阵或者 cbind 输出的行命名	rownames(MyData)
setwd	设置工作目录	setwd("C:/Rbook/")
read.table	从 ascii 文件中读取数据	read.table(file = "test.txt", 　　header = TRUE)
scan	从 ascii 文件中读取数据	scan(file = "test.txt")

2.4　习题

习题 1. c 和 sum 函数的使用。

此题使用的是一个流行病学数据。Vicente 等(2006)通过观察生长在西班牙一些地方的野猪和马鹿得到这些数据,数据库包含了两种生物的肺结核(tuberculosis, Tb)信息,寄生虫 *Elaphostrongylus cervi* 的信息,这种寄生虫只会感染马鹿。

在 Zuur 等人(2009)的著作中,Tb 被当作是一个连续变量的函数,动 P.55 物的长度由 LengthCT(CT 是 *cabeza-tronco* 的缩写,它是西班牙语,表示头体)表示。Tb 和 *E. cervi* 由 0 或者 1 的向量表示,分别代表未发现或发现了 Tb 和 *E. cervi* 的幼虫。下表中的前 7 行给出了鹿的数据。

农场	月份	年份	性别	LengthClass	LengthCT	Ecervi	Tb
MO	11	00	1	1	75	0	0
MO	07	00	2	1	85	0	0
MO	07	01	2	1	91.6	0	1
MO	NA	NA	2	1	95	NA	NA
LN	09	03	1	1	NA	0	0
SE	09	03	2	1	105.5	0	0
QM	11	02	2	1	106	0	0

使用 c 函数生成一个包含了 7 只动物长度值的一个变量,再生成一个包含 Tb 值的变量,包含 NA。并求 7 只动物的平均长度。

习题 2. 使用流行病学数据练习cbind 函数的应用。

继续习题 1 中关于鹿的问题。首先生成一个包含了农场和月份信息的变量,注意农场是字符串。然后使用 cbind 命令结合月份、长度和 Tb 值,并且将结果存储在变量 Boar 中,同时确保可以提取 Boar 中的行、列和每个元素。使用 dim, nrow, ncol 函数确定 Boar 中动物的数量和变量的数量。

习题 3. 使用流行病数据练习vector 函数的应用。

继续习题 1 中关于鹿的问题。类似于习题 2,使用 vector 函数结合 Tb 数据,使用不一样的变量名,例如 Tb2。

习题 4. 对矩阵的操作。

在 R 中生成下面的矩阵,并确定它的转置矩阵,逆矩阵,同时计算 D 和它的逆矩阵的乘积(结果将是单位矩阵)。

$$D = \begin{bmatrix} 1 & 2 & 3 \\ 4 & 2 & 1 \\ 2 & 3 & 0 \end{bmatrix}$$

习题 5. 使用流行病学数据练习data.frame 函数和list 函数的应用。

P.56 　　继续习题 1 至 3 中的问题。生成一个包含习题 1 表中所有数据的数据框,并将长度数据值的均方根加到这个数据框中,再用 list 函数完成同样的工作,比较一下它们的不同点。

习题 6. 使用深海研究数据练习read.table 函数和scan 函数的应用。

　　文件 ISIT.xls 包含了深海生物发光的数据,图 1.6 就是由这些数据完成的,此图上面的段落是这些数据的描述。准备一个电子数据表(大概有 4～5 个问题需要解决),并且把数据提取到 ascii 文件中,依次使用 read.table 函数和 scan 函数将这些数据载入到 R 中,使用两个不同的变量名存储数据,比较它们的不同点,使用 is.matrix 函数和 is.data.frame 函数回答这个问题。

习题 7. 使用流行病学数据练习read.table 函数或scan 函数的应用。

　　文件 *Deer.xls* 包含了习题 1 讨论的鹿的数据,但是也包含了其它动物的数据,把需要的数据从 Excel 提取到 ascii 文件中,并且将它载入 R。

第 3 章

访问变量和处理数据子集

上一章我们示范了从电子数据表或数据库将数据导入 R 中。我们也 P.57 展示了如何输入小型数据集并把它们存储在一个数据框中。现在我们讨论访问数据子集。

3.1 访问数据框变量

假设前面章节中载入鱿鱼数据时没有出现错误,现在我们继续处理数据。

进行统计分析时,删除部分数据,选取若干子集,或加以分类都是很重要的。这些操作大部分可以在导入到 R 之前,使用 Excel 或者其它电子数据表(或数据库)程序完成,但是,由于种种原因,最好不要这样做。最终您可能需要每次选定部分数据重新载入。也可能一些数据文件太大以至于无法从电子数据表中载入。因此,一定程度上掌握在 R 里处理数据文件的知识是有益的。然而,对读者而言,这可能是 R 最难的一方面,但是一旦掌握了它是很有益的,因为这意味着所有的 Excel(或任何其它的电子数据表)中繁琐的数据处理都可以在 R 中完成。

我们利用上一章中载入的鱿鱼数据。如果你还没有这样做,使用下面的命令载入数据,并存储在数据框 squid 中。

```
> setwd("C:/RBook/")
> Squid <- read.table(file = "squid.txt",
                      header = TRUE)
```

read.table 函数生成了一个数据框,并且,因为 R 中大部分函数用数据框工作,我们更倾向于它,而不是 scan 函数。我们建议 read.table 命令后,立即使用 names 命令以查看我们正在处理的变量:

P.58
```
> names(Squid)
[1] "Sample" "Year" "Month" "Location" "Sex" "GSI"
```

我们经常注意到我们的课程参与者直接将代码输入到 R 控制台。正如第 1 章提到的,我们强烈建议将命令输入一个好的文本编辑器,比如基于 Windows 操作系统的 Tinn-R。(见第 1 章使用非 Windows 操作系统的编辑器资源。)为强调这一点,图 3.1 显示了目前为止我们的 R 代码快照。请注意我们复制并粘帖 names 命令的结果到 Tinn-R 文件。这使得我们能够迅速查看我们正在处理哪些变量并减少输入错误的机会。

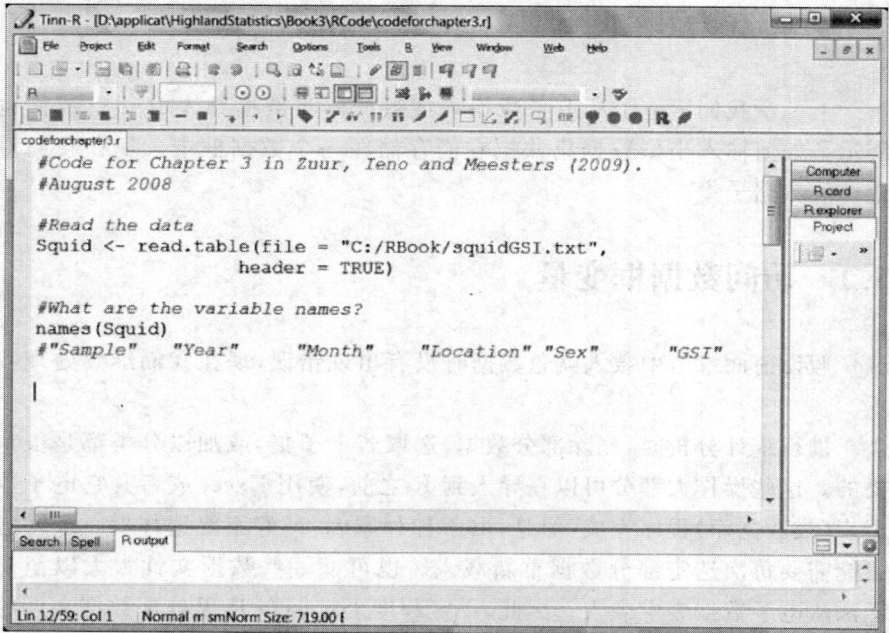

图 3.1 我们的 Tinn-R 文件快照。请注意"#"符号放在注释之前,代码是有很好的记录的,包括代码的编写日期。把所有变量名称复制并粘帖到文本文件可以让我们快速检查变量名称的拼写。你的文件结构尽可能透明,并且添加注释是很重要的。也要确保你有该文件和数据文件的备份

3.1.1 str 函数

P.59
str(结构)命令告诉我们数据框中每个变量的属性:

```
> str(Squid)
'data.frame': 2644 obs. of 6 variables:
 $ Sample  : int 1 2 3 4 5 6 7 8 9 10 ...
 $ Year    : int 1 1 1 1 1 1 1 1 1 1 ...
 $ Month   : int 1 1 1 1 1 1 1 1 1 2 ...
 $ Location: int 1 3 1 1 1 1 1 3 3 1 ...
 $ Sex     : int 2 2 2 2 2 2 2 2 2 2 ...
 $ GSI     : num 10.44 9.83 9.74 9.31 8.99 ...
```

这组神秘的输出告诉我们变量样本、年份、月份、位置和性别是整数型，GSI是数值型。假如你使用了错误的分隔符点：

```
> setwd("C:/RBook/")
> Squid2 <- read.table(file = "squidGSI.txt",
                       dec = ",", header = TRUE)
```

我们（错误地）告诉R在ascii文件中小数分隔符是一个逗号。Squid2数据框仍然包含相同的数据，但是使用str命令会使我们检测到一个主要问题：

```
> str(Squid2)
'data.frame' :2644 obs. of 6 variables:
 $ Sample   : int 1 2 3 4 5 6 7 8 9 10 ...
 $ Year     : int 1 1 1 1 1 1 1 1 1 1 ...
 $ Month    : int 1 1 1 1 1 1 1 1 1 2 ...
 $ Location : int 1 3 1 1 1 1 1 3 3 1 ...
 $ Sex      : int 2 2 2 2 2 2 2 2 2 2 ...
 $ GSI      : Factor w/ 2472 levels "0.0064","0.007" ...
```

现在变量GSI被认为是一个因子。这就意味着，如果我们继续使用函数比如均值或盒形图，R将会产生神秘的错误信息，因为GSI不是数值型的。我们已经看到很多由于这一类错误导致的混乱。

因此，我们强烈推荐你始终将read.table函数和names以及str函数结合在一起使用。

感兴趣的变量为GSI。在任何后续的统计分析中，我们可能要建立GSI作为年份、月份、位置和性别的函数的模型。在做任何统计分析之前，你应该将数据可视化（即，画图）。盒形图、克里夫兰点图、散点图、多组图以及类似命令（见Zuur等，2007；2009）等都是有用的工具。但是，R不识别变量GSI（或者任何其它的变量）。为了说明这一点，输入

P.60

```
> GSI
Error: object "GSI" not found
```

存在的问题是变量GSI储存在数据框Squid中。有几种方法访问它，好的和不恰当的方法，下文我们将分别讨论。

3.1.2   函数中的数据参数

访问数据框中变量最有效的方法如下。确定 R 中的一个函数,例如,线性回归函数 lm;根据变量 GSI,Month,Year 和 Location 指定模型;并告诉函数 lm 在数据框 Squid 中可以找到数据。尽管我们这本书中不进一步讨论线性回归,但给出代码如下。

```
> M1 <- lm(GSI ~ factor(Location) + factor(Year),
        data = Squid)
```

我们忽略了第一部分,它指定了实际的线性回归模型。上述语句的最后一部分(data =)告诉 R,变量在数据框 Squid 中。这是一种简洁的方法,因为没有必要在数据框外定义变量;所有变量都很好地存储在数据框 Squid 中。这种方法的主要问题是,并不是所有函数都支持 data 选项。例如,

```
> mean(GSI, data = Squid)
```

会给出错误信息:

```
Error in mean (GSI, data = Squid) : object "GSI" not
found
```

因为函数 mean 不含 data 参数。有时帮助文件告诉你有 data 参数,在一些情况下可能有效,但是另外一些情形下可能无效。例如,下面的代码给出一个盒形图(这里没有显示)。

```
> boxplot(GSI ~ factor(Location), data = Squid)
```

但是这条命令给出错误信息:

```
> boxplot(GSI, data = Squid)
Error in boxplot(GSI, data = Squid) : object "GSI" not
found
```

P.61   总之,如果一个函数有 data 参数,就使用它;这是最简洁的编程方法。

3.1.3 $ 符号

那么,如果一个函数没有 data 参数,你可以做些什么呢? 这里有两种方法可以访问变量。第一个方法是 $ 符号:

```
> Squid$GSI
 [1] 10.4432   9.8331   9.7356   9.3107   8.9926
 [6]  8.7707   8.2576   7.4045   7.2156   6.8372
[11]  6.3882   6.3672   6.2998   6.0726   5.8395
```

<为了节省空间截至此处>

我们只复制和粘帖了包含 2644 个观察值的数据集的前几行作为输出。其它变量能够以相同的方式访问。输入数据框的名称,紧接着是 $ 符号以及变量名。原则上,你可以在 $ 符号和变量名之间加入空格:

```
> Squid$GSI
 [1] 10.4432 9.8331 9.7356 9.3107 8.9926
 [6] 8.7707 8.2576 7.4045 7.2156 6.8372
[11] 6.3882 6.3672 6.2998 6.0726 5.8395
```

<为了节省空间截至此处>

我们并不推荐这种方法(它看起来很奇怪)。

第二种方法是如果你要访问 GSI 数据,选择第 6 列:

```
> Squid[, 6]
 [1] 10.4432 9.8331 9.7356 9.3107 8.9926
 [6] 8.7707 8.2576 7.4045 7.2156 6.8372
[11] 6.3882 6.3672 6.2998 6.0726 5.8395
```

<为了节省空间截至此处>

它给出了完全相同的结果。无论是使用 Squid $ GSI 还是 Squid[,6],现在你都可以计算均值:

```
> mean(Squid$GSI)
[1] 2.187034
```

我们倾向于使用 $ GSI 代码,在你输入 Squid[,6]一周后,可能会忘记 P.62 GSI 数据在第 6 列,符号 $ GSI 更清晰。

你也可以使用 Squid[,"GSI"],它会增加混淆。请注意对于有些函数,使用 Squid $ 会给出错误信息,例如,nlme 包里的 gls 函数。

3.1.4 attach 函数

现在我们讨论访问变量的不恰当的方法。我们已经使用" $ "访问数据框 Squid 里的变量。如果我们想使用 GSI 数据集里的某个变量每次输入 Squid $ 是繁琐的。使用 attach 命令可以避免这样的麻烦。该命令使数据框 Squid 里所有的变量都是可用的。为了更准确,attach 命令把 Squid 添加到 R 的搜索路径里。因此,现在你可以输入 GSI 或 Location 而不使用 Squid $ 。

```
> attach(Squid)
> GSI
  [1] 10.4432   9.8331   9.7356   9.3107   8.9926
  [6]  8.7707   8.2576   7.4045   7.2156   6.8372
 [11]  6.3882   6.3672   6.2998   6.0726   5.8395
```

＜为了节省空间截至此处＞

对于其它变量同样适用。于是,现在你可以使用每一个函数而不需要 data 参数。

```
> boxplot(GSI) #Graph not shown here
> mean(GSI)
[1] 2.187034
```

attach 命令听起来好得令人难以置信。如果使用时很细心,它是一个有用的命令。如果你绑定一个与外部具有相同变量名称的数据框,或者绑定的两个数据框里具有相同名称的变量,则将会发生问题。如果你绑定的数据框有变量名称与 R 自带函数名称相同或与示例数据框变量名称相同,也会发生问题(例如变量名"时间"和函数名"时间")。在所有这些情况下,你可能会发现在你的计算里 R 不使用你所期望的变量。在课堂教学上,当学生做不同的练习时每次载入一个新的数据集,它们具有类似的名字比如:"位置"、"月份"、"性别"等,这会是一个重大的问题。在这种情况下最好使用 detach 命令,或者当你处理一个新的数据集时每次简单地关闭 R 并重新启动。如果你在一个研究项目中只使用一个数据集并细心处理变量名称,那么 attach 命令是非常有用的。但是一定要小心使用。

P.63　　　总结 attach 命令的用法。

1. 为了避免复制变量,不要输入 attach(Squid)命令两次。
2. 如果你使用 attach 命令,确保你使用唯一的变量名称。避免使用月份、位置等常见的名称。
3. 如果你载入多个数据集,并且一次只处理一个数据集。考虑使用 detach 命令从 R 的搜索路径里移除一个数据框。

在本章下面的部分,我们假定你不输入 attach(Squid)命令,如果你这样做了,输入

```
> detach(Squid)
```

完成 3.7 节的习题 1。这是一个利用 read.table 函数并使用流行病学数据集访问变量的习题。

3.2 访问数据子集

本节,我们讨论如何访问并提取数据框 Squid 的成分。该方法可以应用到你自己输入数据创建的一个数据框,如第 2 章所示。

可能会出现这种情况,你只想处理,例如,雌性数据,某个位置的数据,或者某个位置的雌性数据。为了提取数据子集,我们需要知道性别是如何编码的。我们可以键入

```
> Squid$Sex
```

```
 [1] 2 2 2 2 2 2 2 2 2 2 2 2 2 2 2 2 2 2 2 2 2 2
[23] 2 1 2 2 2 2 2 2 2 2 2 2 2 2 2 2 2 2 2 2 2 2
[45] 2 2 2 1 2 2 2 2 2 2 2 2 1 2 1 1 1 1 2 1 1
[67] 1 1 1 1 1 1 1 1 1 2 1 1 1 1 1 1 1 1 1 1 1
```

<为了节省空间截至此处>

但是这显示了变量 Sex 的所有值。一个好的选择是使用 unique 命令显示这个变量里有多少个唯一值:

```
> unique(Squid$Sex)
[1] 2 1
```

这里 1 表示雄性,2 表示雌性。为了访问所有的雄性数据,使用   P.64

```
> Sel <- Squid$Sex == 1
> SquidM <- Squid[Sel, ]
> SquidM
```

	Sample	Year	Month	Location	Sex	GSI
24	24	1	5	1	1	5.2970
48	48	1	5	3	1	4.2968
58	58	1	6	1	1	3.5008
60	60	1	6	1	1	3.2487
61	61	1	6	1	1	3.2304

<为了节省空间截至此处>

第一行生成一个向量 Sel 与变量 Sex 具有相同的长度,如果 Sex 值为 1 则该变量的值是 TRUE,反之为 FALSE。这样的一个向量也称为布尔向量,可以用来选择行,因此我们命名为 Sel。在下一行,我们选择 Squid 中

Sel 等于 TRUE 的行,并把我们选择的数据存储在 SquidM 里。因为我们选择Squid 的行,我们需要使用方括号[ ],并且,因为我们想要行,具有布尔值的向量 Sel 必须在逗号之前。也可以在一个命令里完成两行:

```
> SquidM <- Squid[Squid$Sex == 1, ]
> SquidM
```

	Sample	Year	Month	Location	Sex	GSI
24	24	1	5	1	1	5.2970
48	48	1	5	3	1	4.2968
58	58	1	6	1	1	3.5008
60	60	1	6	1	1	3.2487
61	61	1	6	1	1	3.2304

<为了节省空间截至此处>

雌性数据可以通过如下方式获得

```
> SquidF <- Squid[Squid$Sex == 2, ]
> SquidF
```

	Sample	Year	Month	Location	Sex	GSI
1	1	1	1	1	2	10.4432
2	2	1	1	3	2	9.8331
3	3	1	1	1	2	9.7356
4	4	1	1	1	2	9.3107
5	5	1	1	1	2	8.9926

P.65 <为了节省空间截至此处>

基于第二个变量的值的条件下选择变量数据(或数据框)的过程称为条件选择。unique 命令应用到 Squid $ Location 上显示有 4 个位置编码为 1,2,3 和 4。为了提取位置1,2 或 3 的数据,我们可以使用下面的语句它们都给出相同的结果(符号|表示布尔运算"或",! =表示"不等于")。

```
> Squid123 <- Squid[Squid$Location == 1 |
          Squid$Location == 2 | Squid$Location == 3, ]
> Squid123 <- Squid[Squid$Location != 4, ]
> Squid123 <- Squid[Squid$Location < 4, ]
> Squid123 <- Squid[Squid$Location <= 3, ]
> Squid123 <- Squid[Squid$Location >= 1 &
                    Squid$Location <= 3, ]
```

你可以选择它们中的任何一个。下面我们使用"&",它是布尔"和"运算符。假定我们想从位置 1 提取雄性数据。这意味着数据既来自于雄性鱿鱼也来自于位置 1。下列代码提取满足这些条件的数据。

```
> SquidM.1 <- Squid[Squid$Sex == 1 &
                Squid$Location == 1,]
     Sample Year Month Location Sex    GSI
24       24    1     5        1   1 5.2970
58       58    1     6        1   1 3.5008
60       60    1     6        1   1 3.2487
61       61    1     6        1   1 3.2304
63       63    1     6        1   1 3.1848
```

<为了节省空间截至此处>

来自位置 1 或 2 的雄性数据由下面给出

```
> SquidM.12 <- Squid[Squid$Sex == 1 &
       (Squid$Location == 1 | Squid$Location == 2), ]
```

不要使用下面的命令

```
> SquidM <- Squid[Squid$Sex == 1, ]
> SquidM1 <- SquidM[Squid$Location == 1, ]
> SquidM1
     Sample Year Month Location Sex    GSI
24       24    1     5        1   1 5.2970
58       58    1     6        1   1 3.5008

60       60    1     6        1   1 3.2487
61       61    1     6        1   1 3.2304
62       62    1     5        3   1 3.2263
...
NA.1113  NA   NA    NA       NA  NA    NA
NA.1114  NA   NA    NA       NA  NA    NA
NA.1115  NA   NA    NA       NA  NA    NA
NA.1116  NA   NA    NA       NA  NA    NA
```

P.66

第一行提取雄性数据并把它分配给 SquidM,因此它比 Squid(假定数据里有雌性鱿鱼)的维数小(较少的行)。下一行,布尔向量 Squid $ Location ==1 比 SquidM 的行的数量长,R 将对 SquidM 添加具有 NAs 值的多余的行。于是,我们得到一个数据框,SquidM1,它包含 NAs。问题是我们想要使用与 Squid 具有相同行数的布尔向量访问 SquidM 中的元素。

如果一个子集选择命令的输出显示了下面的信息,不要惊慌。

```
> Squid[Squid$Location == 1 & Squid$Year == 4 &
       Squid$Month == 1, ]
[1] Sample     Year       Month     Location  Sex
    GSI        fSex       fLocation
<0 rows> (or 0-length row.names)
```

这只是意味着这 4 年里没有测量值来自 1 月份的位置 1。

3.2.1 数据排序

除了提取数据子集，有时重新排列数据也是有用的。对于鱿鱼数据，你可能想根据变量"月份"由低到高的值排列 GSI 数据，即使只是为了快速浏览。可以使用下面的代码。

```
> Ord1 <- order(Squid$Month)
> Squid[Ord1, ]
  Sample Year Month Location Sex     GSI
1      1    1     1        1   2 10.4432
2      2    1     1        3   2  9.8331
3      3    1     1        1   2  9.7356
4      4    1     1        1   2  9.3107
5      5    1     1        1   2  8.9926
```

P.67 ＜为了节省空间截至此处＞

因为我们是处理 Squid 的行，我们需要把 Ord1 放在逗号前。我们也可以只用一个变量完成这个练习，例如 GSI。这种情况下，使用

```
> Squid$GSI[Ord1]
 [1] 10.4432  9.8331  9.7356  9.3107  8.9926  8.7707
 [7]  8.2576  7.4045  7.2156  6.3882  6.0726  5.7757
[13]  1.2610  1.1997  0.8373  0.6716  0.5758  0.5518
[19]  0.4921  0.4808  0.3828  0.3289  0.2758  0.2506
```

＜为了节省空间截至此处＞

完成 3.7 节的习题 2。这是一个利用 read.table 函数并使用深海研究数据集访问数据框子集的习题。

3.3 使用相同的标识符组合两个数据集

到目前为止，我们已看到所有的数据点存储在相同的文件中的例子。然而，事实并非总是如此。本书的作者曾参与很多项目，在这些项目里包含相同动物的不同类型的测量数据。例如，其中的一个项目是由不同的研究所给出的大约 1000 条鱼的测量值；一个研究所计算形态度量值，另一个测量化学变量，另外还有一个计算寄生虫的数目。每个研究所生成包含工作组特定变量的电子数据表。关键的一点是，每个研究所的研究人员测量

每条鱼,因此所有的电子数据表包含一列确定鱼的类别。有些鱼在处理过程中丢失了或者不适合某种处理过程。因此,最终的结果是一系列的 Excel 电子数据表,每个包含上千个 5～20 组特定变量的观测值,但是对于每条鱼(案例)具有一个共同的标识符。

　　对于一个简单的数据集,见图 3.2 的电子数据表。设想鱿鱼数据以这种方式组织,两个具有相同标识符的不同的文件或工作表。现在的任务是合并两个数据集使得第一个数据集里第 j 个样品放在第二个数据集里第 j 个样品的旁边。为了说明目的,我们删除第二个电子数据表的第四行;正如假定某人忘记输入第四个观察值的年份、月份、位置和性别。R 有一个有用的工具能合并文件,即 merge 函数。它由下面的代码运行。前两行用来读取两个单独的鱿鱼文件:

P.68

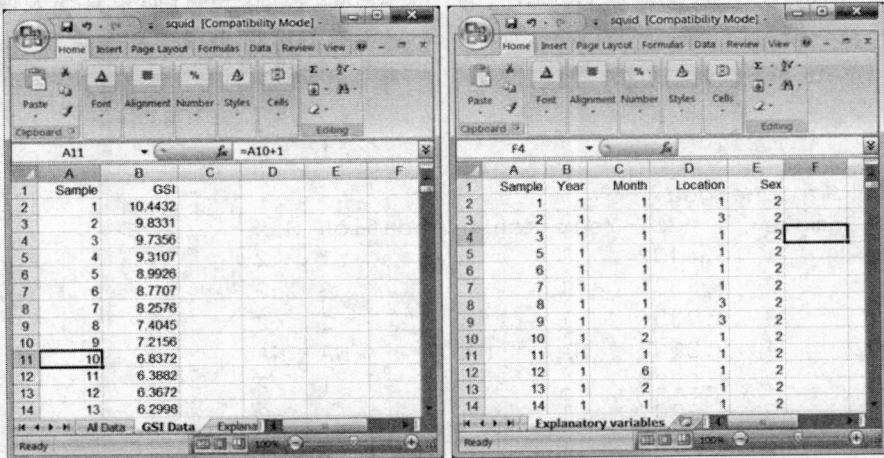

图 3.2　带有样本数的 GSI 数据(左边)和带有样本数的其它变量(右边)。为了示范
　　　　merge 函数,我们删除了右边电子数据表的第四行

```
> setwd("C:/RBook/")
> Sq1 <- read.table(file = "squid1.txt",
                    header = TRUE)
> Sq2 <- read.table(file = "squid2.txt",
                    header = TRUE)
> SquidMerged <- merge(Sq1, Sq2, by = "Sample")
> SquidMerged
  Sample     GSI Year Month Location Sex
1      1 10.4432    1     1        1   2
2      2  9.8331    1     1        3   2
```

3	3	9.7356	1	1	1	2
4	5	8.9926	1	1	1	2
5	6	8.7707	1	1	1	2
6	7	8.2576	1	1	1	2
7	8	7.4045	1	1	3	2
8	9	7.2156	1	1	3	2
9	10	6.8372	1	2	1	2
10	11	6.3882	1	1	1	2

<为了节省空间截至此处>

merge 命令采用两个数据框 Sq1 和 Sq2 作为参数并使用变量 Sample 作为相同的标识符合并两个数据集。merge 函数的一个有用的选项是 all。

P.69 缺省状态下它的设置是 FALSE,它的含义是 Sq1 和 Sq2 的行如果有缺失值将被忽略。当设置为 TRUE 时,如果 Sq1 里没有 Sq2 里出现的样本数据,将用 NAs 填充,反之亦然。使用这个选项,我们得到

```
> SquidMerged <- merge(Sq1, Sq2, by = "Sample",
                       all = TRUE)
> SquidMerged
```

	Sample	GSI	Year	Month	Location	Sex
1	1	10.4432	1	1	1	2
2	2	9.8331	1	1	3	2
3	3	9.7356	1	1	1	2
4	4	9.3107	NA	NA	NA	NA
5	5	8.9926	1	1	1	2
6	6	8.7707	1	1	1	2
7	7	8.2576	1	1	1	2
8	8	7.4045	1	1	3	2
9	9	7.2156	1	1	3	2
10	10	6.8372	1	2	1	2

<为了节省空间截至此处>

请注意观察值(鱼/案例)4 里的年份、月份、位置和性别是缺失值。为了避免混淆,回忆我们为了示范的目的只移除了第四行的观察值。更多的选项及例子在 merge 帮助文件里给出。

3.4 输出数据

除了 read.table 命令,R 也有 write.table 命令。使用这个函数,你可以把数字信息输出到 ascii 文件。假设你提取了雄性鱿鱼数据,并且你想

把它输出到另外一个软件包,或把它传给一个同事。最简单的方法是输出雄性鱿鱼数据到 ascii 文件,然后把它输入到另外的软件包,或者通过电子邮件发送给你的同事。下列命令提取雄性数据(这种情况下你不必输入它),并把它输出到文件,MaleSquid.txt。

```
> SquidM <- Squid[Squid$Sex == 1, ]
> write.table(SquidM,
    file = "MaleSquid.txt",
    sep = " ", quote = FALSE, append = FALSE, na = "NA")
```

write.table 函数里第一个参数是你想要输出的变量,并且显然你也需要一个文件名。sep = " " 保证数据用空格隔开,quote = FALSE 消除字符 P.70 串(标题)的引号标志,na = "NA" 允许你指定缺失值由什么来代替,append = FALSE 打开一个新的文件。如果你设置为 TRUE,它将把变量 SquidM 添加到一个已经存在的文件的尾部。

让我们说明一些这样的选项。当我们运行上面的代码,ascii 文件 MaleSquid.txt 的前六行如下。

```
Sample Year Month Location Sex GSI fLocation fSex
24 24 1 5 1 1 5.297  1 M
48 48 1 5 3 1 4.2968 3 M
58 58 1 6 1 1 3.5008 1 M
60 60 1 6 1 1 3.2487 1 M
61 61 1 6 1 1 3.2304 1 M
```

<为了节省空间截至此处>

因此,这些元素用空格进行隔离。请注意我们缺少了第一列的名字。如果你把这些数据输入到 Excel,你可能需要把第一行转移到右侧一列。我们可以改变 sep 和 quote 选项。

```
> write.table(SquidM,
    file = "MaleSquid.txt",
    sep = ",", quote = TRUE, append = FALSE, na = "NA")
```

它在 ascii 文件 MaleSquid.txt 里给出下列输出。

```
"Sample","Year","Month","Location","Sex","GSI",
"fLocation","fSex"
"24",24,1,5,1,1,5.297, "1","M"
"48",48,1,5,3,1,4.2968,"3","M"
"58",58,1,6,1,1,3.5008,"1","M"
"60",60,1,6,1,1,3.2487,"1","M"
"61",61,1,6,1,1,3.2304,"1","M"
```

标题扩展为两行是由于文本编辑器的原因。真正的差别是逗号分隔符和分类变量的引号，以及标题和标签。对于有些包这是重要的。append = TRUE 选项是有用的，比如，如果你对上千个数据集应用线性回归并且你想在一个文件里有所有的数字输出结果。

完成 3.7 节的习题 3。这是一个利用 write.table 函数并使用深海研究数据集的习题。

3.5　重新编码分类变量

P.71　　　　在 3.1 节，我们使用 str 函数给出了鱿鱼数据框的下列输出。

```
> str(Squid)
'data.frame': 2644 obs. of 6 variables:
 $ Sample  : int 1 2 3 4 5 6 7 8 9 10 ...
 $ Year    : int 1 1 1 1 1 1 1 1 1 1 ...
 $ Month   : int 1 1 1 1 1 1 1 1 1 2 ...
 $ Location: int 1 3 1 1 1 1 1 3 3 1 ...
 $ Sex     : int 2 2 2 2 2 2 2 2 2 2 ...
 $ GSI     : num 10.44 9.83 9.74 9.31 8.99 ...
```

变量 Location 编码为 1,2,3 或 4,Sex 为 1 或 2。这样的变量是分类或名义变量。在 Excel 里，我们可以把性别编码为雄性和雌性。把名义变量重新编码，在数据框里生成一个新的变量是很好的编程习惯。例如：

```
> Squid$fLocation <- factor(Squid$Location)
> Squid$fSex <- factor(Squid$Sex)
```

这两个命令生成数据框 Squid 里的两个新变量 fLocation 和 fSex。在变量名前使用 f 提醒我们它们是名义变量。在 R 里，我们也可以称它们为因子，因此用 f。输入

```
> Squid$fSex
  [1] 2 2 2 2 2 2 2 2 2 2 2 2 2 2 2 2 2
 [18] 2 2 2 2 2 2 1 2 2 2 2 2 2 2 2 2 2
 [35] 2 2 2 2 2 2 2 2 2 2 2 2 1 2 2 2 2
 ...
[2602] 1 2 1 1 2 1 1 1 2 1 2 1 2 1 1 2
[2619] 1 2 2 1 1 1 1 1 1 1 1 1 2 1 1 1 2
[2636] 1 2 1 2 1 2 1 1
Levels: 1 2
```

请注意最后的额外一行。告诉我们 fSex 有两个水平,1 和 2。也可以重新标记这些水平为"雄性"和"雌性"，或者，可以更简洁地用 M 和 F：

```
> Squid$fSex <- factor(Squid$Sex, levels = c(1, 2),
  labels = c("M", "F"))
> Squid$fSex
 [1] F F F F F F F F F F F F F F F F F
[18] F F F F F F M F F F F F F F F F F
[35] F F F F F F F F F F F F F M F F F
 ...

[2602] M F M M F M M M F M F M M F M M F
[2619] M F F M M M M M M M M M F M M M F
[2636] M F M F M F M M M
Levels: M F
```

P.72

每个 1 都被转换成一个"M",每个 2 都被转换成一个"F"。现在你可以在函数比如 lm 或者 boxplot 里使用 fSex:

```
> boxplot(GSI ~ fSex, data = Squid) #Result not shown
> M1 <- lm(GSI ~ fSex + fLocation, data = Squid)
```

另外一个使用预先定义的名义变量的优点是在线性回归函数里它使输出变得更短。尽管我们这里不显示输出结果,比较下面命令的结果。

```
> summary(M1)
> M2 <- lm(GSI ~ factor(Sex) + factor(Location),
    data = Squid)
> summary(M2)
```

估计的参数是相同的,但是第二个模型在屏幕(或者在纸)上需要更多的空间。这对于二阶或者三阶交互作用项将是一个严重的问题。

除了命令 factor,你也可以使用 as.factor。为了把因子转换成数值向量,可以使用 as.numeric。这在画图时把雄性和雌性绘制不同的颜色是很有用的(如果因为某种原因你已经忘记原始向量、性别)。也可以参见第 5 章。

对 fLocation 也可以这样做:

```
> Squid$fLocation
 [1] 1 3 1 1 1 1 1 3 3 1 1 1 1 1 1 1 3
[18] 1 3 1 3 1 1 1 1 1 1 1 1 1 1 1 1 1
[35] 1 1 1 1 1 3 1 1 1 1 3 1 1 3 1 1 1
 ...
[2602] 1 1 1 1 1 1 1 1 1 1 1 1 1 1 1 1 1
[2619] 1 1 1 1 1 1 1 1 1 1 1 1 1 1 1 1 1
[2636] 1 1 1 1 1 1 1 1 1
Levels: 1 2 3 4
```

请注意这个名义变量有四个水平。在这种情况下,水平值由小到大进行排序。这意味着在盒形图里，位置为 1 的数据与位置为 2 的数据相邻，位置为 2 的与位置为 3 的相邻，等等。有时改变顺序是有用的（例如，lattice 包里的 xyplot 函数）。这可以通过如下完成。

```
> Squid$fLocation <- factor(Squid$Location,
                            levels = c(2, 3, 1, 4))
```

P.73
```
> Squid$fLocation
 [1] 1 3 1 1 1 1 1 3 3 1 1 1 1 1 1 1 1 3
[18] 1 3 1 3 1 1 1 1 1 1 1 1 1 1 1 1 1 1
[35] 1 1 1 1 1 3 1 1 1 1 3 1 1 3 1 3 1 1 1
...
[2602] 1 1 1 1 1 1 1 1 1 1 1 1 1 1 1 1 1
[2619] 1 1 1 1 1 1 1 1 1 1 1 1 1 1 1 1 1
[2636] 1 1 1 1 1 1 1 1 1
Levels: 2 3 1 4
```

数据值是相同的，但是命令比如

```
> boxplot(GSI ~ fLocation, data = Squid)
```

生成一个稍微不同的盒形图，因为水平的顺序不同。重置水平对处理线性回归里的 posthoc 检验也是有用的（Dalgaard，2002 的第 10 章）。

我们在本章开始选择雄性数据：

```
> SquidM <- Squid[Squid$Sex == 1, ]
```

使用 fSex 我们也可以这样做，但是现在我们需要：

```
> SquidM <- Squid[Squid$fSex == "1", ]
```

围绕 1 的双引号是必须的，因为 fSex 是因子。定义一个新的名义变量的效果也可以通过 str 命令观察到：

```
> Squid$fSex <- factor(Squid$Sex, labels = c("M", "F"))
> Squid$fLocation <- factor(Squid$Location)
> str(Squid)
'data.frame': 2644 obs. of 8 variables:
 $ Sample   : int 1 2 3 4 5 6 7 8 9 10 ...
 $ Year     : int 1 1 1 1 1 1 1 1 1 1 ...
 $ Month    : int 1 1 1 1 1 1 1 1 1 2 ...
 $ Location : int 1 3 1 1 1 1 1 3 3 1 ...
 $ Sex      : int 2 2 2 2 2 2 2 2 2 2 ...
 $ GSI      : num 10.44 9.83 9.74 9.31 8.99 ...
 $ fSex     : Factor w/ 2 levels "M","F": 2 2 2 2 2 ...
 $ fLocation: Factor w/ 4 levels "1","2","3","4": 1 ...
```

请注意现在 fSex 和 fLocation 是因子（分类变量），水平如上所示。现在任何函数将把它们看作因子,因此不需要再对这两个变量使用 factor 命令。

完成 3.7 节的习题 4。这是一个利用 factor 函数并使用深海研 P.74 究数据集的习题。

3.6 我们学习了哪些 R 函数?

表 3.1 列出了本章介绍的 R 函数。

表 3.1 本章介绍的 R 函数

函 数	功 能	示 例
write.table	把一个变量写入到 ascii 文件	write.table(Z,file = "test.txt")
order	确定数据的顺序	order(x)
merge	合并两个数据框	merge(x,y,by = "ID")
attach	使数据框里的变量可以利用	attach(MyData)
str	显示一个对象的内部结构	str(MyData)
factor	定义变量作为因子	factor(x)

3.7 习题

习题 1. 使用流行病学数据练习使用 read.table 函数并访问数据框里的变量。

文件 *BirdFlu.xls* 包含世界卫生组织(WHO)报告的一些国家已经证实的每年人类感染禽流感 A/(H5N1)的病例。数据来自于 WHO 网站(www.who.int/en/),复制是为了教育的目的。准备电子数据表并把这些数据载入到 R。如果你不是 Windows 用户,从文件 *BirdFlu.txt* 开始。请注意你需要调整列名称以及一些国家的名称。

在 R 里使用 names 和 str 命令观察这些数据。输出 2003 年禽流感病例数。2003 年和 2005 年禽流感病例总数是多少?哪个国家的病例最多?哪个国家禽流感死亡的人数最少?

使用第 2 章的方法,每个国家的禽流感病例总数是多少?每年的禽流感病例总数是多少?

习题 2. 使用深海研究数据练习使用 read. table 函数并访问数据框里的子集。

P.75 如果你还没有完成第 2 章的习题 6,做完它,并从 *ISIT. xls* 文件载入数据。

在 R 里,从站点 1 提取数据。这个站点有多少个观察值? 站点 1 的样品深度的最小值、中位值、均值和最大值分别是多少? 站点 2 的样品深度的最小值、中位值、均值和最大值分别是多少? 站点 3 呢?

确定观察值相对较少的站点,生成一个忽略这些站点的新数据框。

提取来自 2002 年的数据。提取来自 4 月(所有年份)的数据。提取在深度超过 2000 米测量的数据(来自所有年份和月份)。根据深度值的增序显示这些数据。

显示在 4 月份并且深度超过 2000 米的测量数据。

习题 3. 使用深海研究数据练习使用 write. table 函数。

在上一个习题的最后一步,提取了在 4 月份并且深度超过 2000 米的测量数据。把这些数据输出到一个新的 ascii 文件。

习题 4. 使用深海研究数据练习使用 factor 函数并访问数据框里的子集。

站点 1 到 5 是 2001 年 4 月抽样,站点 6 到 11 是 2001 年 8 月抽样,站点 12 到 15 是 2002 年 3 月抽样,站点 16 到 19 是 2002 年 10 月抽样。在 R 里生成两个新的变量确定月份和年份。请注意这些是因子。把新的变量添加到数据框里。

第 4 章

简单的函数

在前面的章节中，我们阐述了如何输入数据，从电子数据表、ascii 文件 或者数据库中读取数据，以及提取数据子集。这一章中，我们主要讨论应用一些简单的函数来处理数据，例如均值或者单个数据子集的均值。这些函数将会是很有用的，但是，却不能使你真正的深入了解和使用 R，仅在方便的情况下使用它们就足够了。初学者可以跳过这一部分内容。

4.1　tapply 函数

R 提供了计算单变量、多变量或观察值子集的均值、长度、标准差、最小值、最大值、方差等的函数。为了说明一点，我们选用一个植物数据集，这些数据来自 Sikkink 等人（2007）对两个温带群落，美国黄石国家公园和国家野牛保护区的草原数据的监测分析。这项研究的目的是确定过去一段时间丛生禾草群落的生物多样性是否发生改变，如果改变，那么是否和环境因素有关。针对我们的研究目的，我们仅使用黄石公园的数据。为了量化生物多样性，研究者计算了物种丰富度，这种丰富度以每个地点的不同种群数量来定义。研究识别出了大约 90 个物种，这些数据来自 8 个时间截面，每个截面大约是 4～10 年，总共选取 58 个观察值。

下面的代码可以实现载入数据，并获得变量的一些基本信息。

```
> setwd("C:/RBook/")
> Veg <- read.table(file="Vegetation2.txt",
                    header= TRUE)
> names(Veg)
```

P.78

```
 [1] "TransectName" "Samples"     "Transect"
 [4] "Time"         "R"           "ROCK"
 [7] "LITTER"       "ML"          "BARESOIL"
[10] "FallPrec"     "SprPrec"     "SumPrec"
[13] "WinPrec"      "FallTmax"    "SprTmax"
[16] "SumTmax"      "WinTmax"     "FallTmin"
[19] "SprTmin"      "SumTmin"     "WinTmin"
[22] "PCTSAND"      "PCTSILT"     "PCTOrgC"

> str(Veg)

'data.frame':    58 obs. of 24 variables:
 $ TransectName: Factor w/ 58 levels ...
 $ Samples     : int 1 2 3 4 5 6 7 8 9 10 ...
 $ Transect    : int 1 1 1 1 1 1 1 2 2 2 ...
 $ Time        : int 1958 1962 1967 1974 1981 1994...
 $ R           : int 8 6 8 8 10 7 6 5 8 6 ...
 $ ROCK        : num 27 26 30 18 23 26 39 25 24 21 ...
 $ LITTER      : num 30 20 24 35 22 26 19 26 24 16 ...
```

<为了节省空间截至此处>

这些数据被存储在名为"Vegetation2.txt"的 ascii 文件中,执行 read. table 函数的前提条件是物种丰富度必须是数值型的向量或者整数,如果由于某些原因导致 R 以字符型(例如在列中出现了混合符号码,或者小数点分隔符出现了问题)的数据载入了丰富度,一些函数比如 mean,sd 等将会给出错误信息[①]。

4.1.1 计算每个时间截面的均值

载入数据后,我们首先想知道的就是每个时间截面的平均丰富度是否相同,以下代码计算了每个截面的平均丰富度和总的平均丰富度(数据子集的选取可参见第 3 章):

```
> m <- mean(Veg$R)
> m1<- mean(Veg$R[Veg$Transect == 1])
> m2<- mean(Veg$R[Veg$Transect == 2])
> m3<- mean(Veg$R[Veg$Transect == 3])
```

---

① 如果你在默认的设置下(也就是点作为小数点)使用逗号作为小数点进行载入数据,那么 R 将把所有的变量当作字符,str 命令可以验证这一点,因此,为了验证数据载入的正确性,我们建议载入数据之后对其使用 str 命令。

P.79

```
> m4<- mean(Veg$R[Veg$Transect == 4])
> m5<- mean(Veg$R[Veg$Transect == 5])
> m6<- mean(Veg$R[Veg$Transect == 6])
> m7<- mean(Veg$R[Veg$Transect == 7])
> m8<- mean(Veg$R[Veg$Transect == 8])
> c(m, m1, m2, m3, m4, m5, m6, m7, m8)

[1]  9.965517  7.571429  6.142857 10.375000 9.250000
[6] 12.375000 11.500000 10.500000 11.833333
```

变量 m 表示所有 8 个时间截面的平均丰富度,m1 到 m8 表示了每个时间截面的平均丰富度。需要注意的是 mean 命令使用的对象是数据向量 Veg $ R,它不是一个矩阵,所以没有必要在方括号之间加入逗号。

4.1.2 更高效地计算每个时间截面的均值

输入 8 个命令来计算每个时间截面的均值是一件非常麻烦的事情,R 中的 tapply 函数同样可以完成上面的操作(从 m1 到 m8),并且只需要一行代码:

```
> tapply(Veg$R, Veg$Transect, mean)
        1         2         3         4         5
 7.571429  6.142857 10.375000  9.250000 12.375000
        6         7         8
11.500000 10.500000 11.833333
```

这个代码还可以写为:

```
> tapply(X = Veg$R, INDEX = Veg$Transect, FUN = mean)
```

tapply 函数根据第二个变量(Transect)的不同水平对第一个变量(R)进行了求均值运算。对于每一个数据子集,除了这里的求均值运算外,我们还可以对其求标准差(sd 函数),方差(var 函数),长度(length 函数)等操作。以下代码计算了上述植物数据的一些函数操作。

```
> Me <- tapply(Veg$R, Veg$Transect, mean)
> Sd <- tapply(Veg$R, Veg$Transect, sd)
> Le <- tapply(Veg$R, Veg$Transect, length)
> cbind(Me, Sd, Le)
        Me        Sd Le
1  7.571429 1.3972763  7
2  6.142857 0.8997354  7
3 10.375000 3.5831949  8
```

P.80
```
4   9.250000 2.3145502    8
5  12.375000 2.1339099    8
6  11.500000 2.2677868    8
7  10.500000 3.1464265    6
8  11.833333 2.7141604    6
```

结果的每一行分别给出了平均丰富度,标准差和每个截面观察值的个数,在后面的章节中我们将讨论使用作图工具对这些数值进行可视化。

4.2 sapply 函数和lapply 函数

为了计算整个序列的均值、最小值、最大值、标准差、长度等,我们仍然需要使用 mean(Veg $ R),min(Veg $ R),max(Veg $ R),sd(Veg $ R)和 length(Veg $ R)函数。如果想要计算大量数据的均值,例如上述这些植物数据中的所有数值变量的均值时,这种方法将是很繁琐的。这里强调"数值数据"是提醒大家字符是不能计算均值的。在上述植物数据中共有 20 个数值变量,数据框 Veg 的 5～24① 列。但是,我们并不需要输入 20 次 mean 命令,R提供了其它类似于 tapply 的函数来处理这种问题:lapply 函数和 sapply 函数。sapply 函数的使用及其输出如下所示:

```
> sapply(Veg [, 5:9], FUN= mean)

        R      ROCK    LITTER        ML  BARESOIL
 9.965517 20.991379 22.853448 1.086207 17.594828
```

为了节省空间,我们仅仅计算了前 5 个变量的结果。需要注意的是,tapply 函数计算的是一个变量观察值子集的均值(或其它函数),而 lapply 和 sapply 函数计算的是一个或多个变量全部观察值的均值(或其它函数)。

单词 FUN 代表函数(function),它必须大写。除了均值(mean)之外,你还可以选择其它任何函数作为 FUN 的参数,甚至自己编的函数。那么 lapply 和 sapply 有什么区别呢? 它们主要的区别在于输出的不同,如下面的例子所示:

```
> lapply(Veg [, 5:9], FUN= mean)
$R
.[1] 9.965517
$ROCK
[1] 20.99138
```

---

① 原文为 5～25,似有误。——译者注

P.81

```
$LITTER
[1] 22.85345
$ML
[1] 1.086207
$BARESOIL
[1] 17.59483
```

lapply 函数的输出是一个列表,然而 sapply 函数的输出是一个向量,我们可以根据对输出格式的要求来选择适当的函数。

lapply 和 sapply 中包含数据的变量必须是数据框,以下这种格式是错误的:

```
> sapply(cbind(Veg$R, Veg$ROCK, Veg$LITTER, Veg$ML,
             Veg$BARESOIL), FUN = mean)
```

上述命令的结果将是一个很长的数据向量,原因在于 cbind 命令的输出不是数据框。但是,我们可以很容易的将其变为数据框:

```
> sapply(data.frame(cbind(Veg$R, Veg$ROCK, Veg$LITTER,
        Veg$ML, Veg$BARESOIL)), FUN = mean)
      X1        X2        X3        X4        X5
 9.965517 20.991379 22.853448  1.086207 17.594828
```

注意到这样做我们将丢失变量标签。为了避免发生这种情况,可以在运行 sapply 函数前先生成一个合适的数据框(见第 2 章),或者可以选择在使用 cbind 函数结合完数据后再用 colnames 函数来加上标签。

完成 4.6 节的习题 1。这是一个对温度数据集使用 tapply, P.84 sapply 和 lapply 函数的练习。

4.3 summary 函数

另外一个可以提供变量信息的函数就是 summary 命令,它的参数可以是一个变量,cbind 命令的输出,或者数据框。可以使用如下的命令来运行它:

```
> Z <-cbind(Veg$R, Veg$ROCK, Veg$LITTER)
> colnames(Z) <- c("R", "ROCK", "LITTER")
> summary(Z)
```

R	ROCK	LITTER
Min. : 5.000	Min. : 0.00	Min. : 5.00
1st Qu. : 8.000	1st Qu. : 7.25	1st Qu. :17.00
Median :10.000	Median :18.50	Median :23.00
Mean : 9.966	Mean :20.99	Mean :22.85
3rd Qu. :12.000	3rd Qu. :27.00	3rd Qu. :28.75
Max. :18.000	Max. :59.00	Max. :51.00

summary 命令的结果给出了变量的最小值、第一四分位数、中位数、平均值、第三四分位数和最大值。下面的命令可以实现同样的功能：

```
> summary(Veg[ , c("R","ROCK","LITTER")])
```

或者

```
> summary(Veg[ , c(5, 6, 7)])
```

结果这里就不再赘述。

4.4 table 函数

在 2.4 节的习题 1 和 7 中，我们引入了 Vicente 等人（2006）的鹿的数据，这些数据来源于不同的农场、月份、年份和性别。这项研究的一个目的就是找出寄生虫 *E. cervi* 的数量和动物长度的关系，这种关系可能和性别、年份、月份、农场的变化都有关系。为了验证这一点，统计模型中就需要包括这些相互作用。然而，如果某些年份没有进行雌性的抽样，或者某些年份一些农场没有提供抽样，问题就会出现。table 函数的作用是用来了解每个农场提供抽样动物的数量，每个性别和年份观察值的数量。以下代码载入了这些数据，并且给出了相应的结果：

```
> setwd("c:/RBook/")
> Deer <- read.table(file="Deer.txt", header= TRUE)
> names (Deer)
 [1] "Farm"    "Month"    "Year"        "Sex"        "clas1_4"
 [6] "LCT"     "KFI"      "Ecervi"      "Tb"

> str(Deer)

[1] "Farm"    "Month"    "Year"        "Sex"        "clas1_4"
[6] "LCT"     "KFI"      "Ecervi"      "Tb"
```

P.83

```
> str(Deer)
'data.frame' : 1182 obs. of 9 variables:
  $ Farm    : Factor w/ 27 levels"AL","AU","BA",..: 1...
  $ Month   : int 10 10 10 10 10 10 10 10 10 10 ...
  $ Year    : int 0 0 0 0 0 0 0 0 0 0 ...
  $ Sex     : int 1 1 1 1 1 1 1 1 1 1 ...
  $ clas1_4 : int 4 4 3 4 4 4 4 4 4 4 ...
  $ LCT     : num 191 180 192 196 204 190 196 200 19 ...
  $ KFI     : num 20.4 16.4 15.9 17.3 NA ...
  $ Ecervi  : num 0 0 2.38 0 0 0 1.21 0 0.8 0 ...
  $ Tb      : int 0 0 0 0 NA 0 NA 1 0 0 ...
```

　　农场分别用代码 AL,AU 等表示,它们自动地被以字符的形式载入,其它变量都是数值或者整数的向量。每个农场的观察值数量可以这样来获得:

```
> table(Deer$Farm)
 AL   AU   BA   BE   CB  CRC   HB  LCV   LN  MAN   MB
 15   37   98   19   93   16   35    2   34   76   41
 MO   NC   NV   PA   PN   QM   RF   RN   RO  SAL  SAU
278   32   35   11   45   75   34   25   44    1    3
 SE   TI   TN VISO   VY
 26   21   31   15   40
```

　　可以看到,有的农场抽取了 278 个样本,而有的农场仅抽取了 1 个样本。这个数据集通常需要一个混合效应模型[1]来描述,其中农场具有随机效应(见 Zuur 等,2009)。这种方法可以处理非平衡设计。但是,模型中包含性别/年份相互作用项[2]的数据将会给出错误信息,原因在于并不是每一年都检测了两种性别的动物,如下列联表所示(表中水平方向的 0,1,2,3,4,5,99 分别代表 2000,2001,2002,2003,2004,2005 和 1999,垂直方向上的 1 和 2 代表不同性别)。

```
> table(Deer$Sex, Deer$Year)
     0   1   2   3   4   5  99
 1 115  85 154  75  78  34  21
 2  76  40 197 123  60  35   0
```

　　在 1999 年,只有一种性别的动物被检测了。我们建议在回归模型包含了两个名义变量相互影响之前使用 table 函数。

---

[1]　混合效应模型是线性回归的一种推广。
[2]　性别/年份相互作用项描述不同年份对于性别的不同影响。

P.84 完成 4.6 节的习题 2。这是一个对温度数据使用 table 函数的练习。

4.5   我们学习了哪些 R 函数？

表 4.1 列出了本章所介绍的 R 函数。

表 4.1   本章所介绍的 R 函数

函　数	功　能	示　例
tapply	根据 x 的不同水平对 y 使用 FUN 的函数	tapply(y,x,FUN = mean)
sapply	对 y 的每一个变量使用 FUN 的函数	sapply(y,FUN = mean)
lapply	对 y 的每一个变量使用 FUN 的函数	lapply(y,FUN = mean)
sd	计算 y 的标准差	sd(y)
length	确定 y 的长度	length(y)
summary	计算基本信息	summary(y)
table	计算列联表	table(x,y)

4.6   习题

习题 1. 使用 tapply,sapply 和 lapply 函数来计算每个月的平均温度。

文件 *temperature.xls* 包含了荷兰海岸线上 31 个不同地点的温度观察值。这些数据由荷兰 RIKZ 研究院（MWTL 监测项目：Monitoring Waterstaatkundige Toestand des Lands）收集并提供。抽样开始于 1990 年，结束于 2005 年 12 月，为期 16 年。根据季节的不同，抽样频率为每个月 0～4 次。

以月为单位计算所有观察点的温度平均值，其最终结果将是一个维数为 16×12 的变量，再计算一下每个月的观察值的标准差和数量。

习题 2. 使用 table 函数来处理温度数据。

使用习题 1 中的数据，确定每个观察点的观察值数量。每年记录了多少个观察值？每个观察点每年记录了多少观察值？

第 5 章

基础绘图工具简介

我们已经示范了使用 R 工具进行输入数据、处理数据、提取数据子集
以及进行一些简单的计算,比如求均值、方差、标准差以及类似的运算。本
章我们介绍基础的绘图工具。如果你只对简单的绘图感兴趣,那么本章就
足够了。然而,如果创建更复杂的图形,或者在基础图形上增加复杂的修
饰比如刻度线记号,或者专门的字体和字体大小,你需要第 7 章和第 8 章里
给出的更多的高级绘图技巧。

在这个阶段似乎不适合讨论基础绘图工具,而是应该在第 7 章开始的
绘图部分里探讨。然而,当讲授本书提供的一些材料时,我们意识到,讨论
了前 4 章相对呆板的材料后,课程参与者急于了解生动、更直观、更容易的
绘图工具。因此这里我们第一次了解绘图。这使得在下一章可以借助交
互工具比如 plot 函数介绍更复杂的主题。

5.1 plot 函数

本节使用第 4 章介绍的植物数据。回忆这些草原数据,来自于一个监
测项目管理的美国两个温带群落黄石国家公园和国家野牛保护区。为了
量化生物多样性,计算物种丰富度。在统计分析里,我们想要给出丰富度
作为 BARESOIL(或者任意其它的土壤和气候变量)的函数。假设我们想绘
制物种丰富度对底层变量"裸露土壤"定义为 BARESOIL,的图形。创建这样
的一个图形的 R 命令是

P.86

```
> setwd("c:/RBook/")
> Veg <- read.table(file = "Vegetation2.txt",
                    header = TRUE)
> plot(Veg$BARESOIL, Veg$R)
```

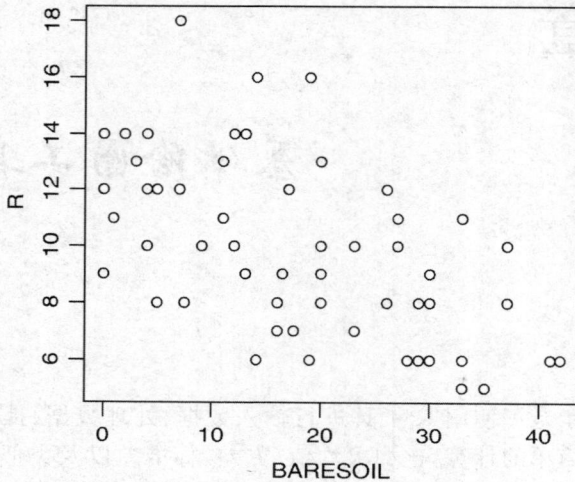

图 5.1 图形显示的是植物数据中裸露土壤(BARESOIL)对物种丰富度的散点图。
为了把图形从 R 输入到微软 Word 中,在 R 里的图形上右击复制并粘
贴到 Word 里,或者把它存为图元文件(推荐,因为它能生成高质量的图
形),位图或者 postscript 文件。非 Windows 操作系统也可以如此操作。
后两种格式输入到 Word 更复杂一些。如果 R 控制台窗口(图 1.5)是
最大化的,你可能看不到图形面板。为了得到图形,同时单击 Control
和 Tab 键,或者最小化 R 控制台

结果图形如图 5.1 所示。plot 命令的第一个参数显示在水平轴上,第
二个参数显示在垂直轴上。这个例子中丰富度是反应变量或者因变量,
BARESOIL 是解释变量或者自变量。习惯上垂直轴绘制反应变量,水平轴绘
制解释变量。请注意对于 R 中的一些统计函数,你必须首先指定反应变
量,然后是解释变量。你应该不是第一次意外地输入

```
> plot(Veg$R, Veg$BARESOIL)
```

并且发现这个顺序应该被翻转。或者,你可以使用

```
> plot(x = Veg$BARESOIL, y = Veg$R)
```

以避免混淆哪个变量画在 x 轴(水平)上,哪个变量画在 y 轴上(垂直)。
    plot 函数有一个 data 参数,但是我们不能使用

P.87

```
> plot(BARESOIL, R, data = Veg)
Error in plot(BARESOIL, R, data = Veg): object
"BARESOIL" not found
```

这是不幸的,并且迫使我们使用 Veg$ 命令(回忆第 2 章我们没有使用 attach 命令)。这是我们选择变量名称 Veg 代替较长的 Vegetation 的一个(如果不是唯一的一个)原因。也可以使用:

```
> plot(R ~ BARESOIL, data = Veg)
```

这也生成一个图形(这里不做显示),但是我们反对这种符号是因为一些函数中,R~BARESOIL 符号是用来告诉 R,丰富度作为 baresoil 的函数。尽管这里可能是这种情形,但并不是每个涉及变量的散点图都有一个因果关系。

对图形最常见的修改是添加标题和 x, y 轴标签以及设置 x, y 轴坐标界限,如图 5.1 所示。这个可以通过扩展绘图命令完成:

```
> plot(x = Veg$BARESOIL, y = Veg$R,
    xlab = "Exposed soil",
    ylab = "Species richness", main = "Scatter plot",
    xlim = c(0, 45), ylim = c(4, 19))
```

结果图形如图 5.2A 所示。使用文本编辑器建立 2 乘 2 的无边界的表格把 4 个面板(A—D)输入到文本文件(微软 Word)中(在第 8 章示范了用 R 生成的多面板图形)。

在上述命令中 xlab,ylab,main,xlim 和 ylim 输入的顺序是无关紧要的,但是它们必须是小写字母。选项 xlab 和 ylab 应用于标签,选项 main 应用于标题,选项 xlim 和 ylim 用于指定坐标轴的上下限。你也可以在绘图命令中使用:

```
xlim = c(min(Veg$BARESOIL), max(Veg$BARESOIL))
```

但是,绘图命令里的绘图变量如果有缺失值,你应该用选项 na.rm = TRUE 扩充 min 和 max 函数。这样产生

```
xlim = c(min(Veg$BARESOIL, na.rm = TRUE),
        max(Veg$BARESOIL, na.rm = TRUE))
```

在第 7 章和第 8 章里,我们将示范改变标签和标题的字体类型和尺寸,并添加符号,比如℃等。

P.88

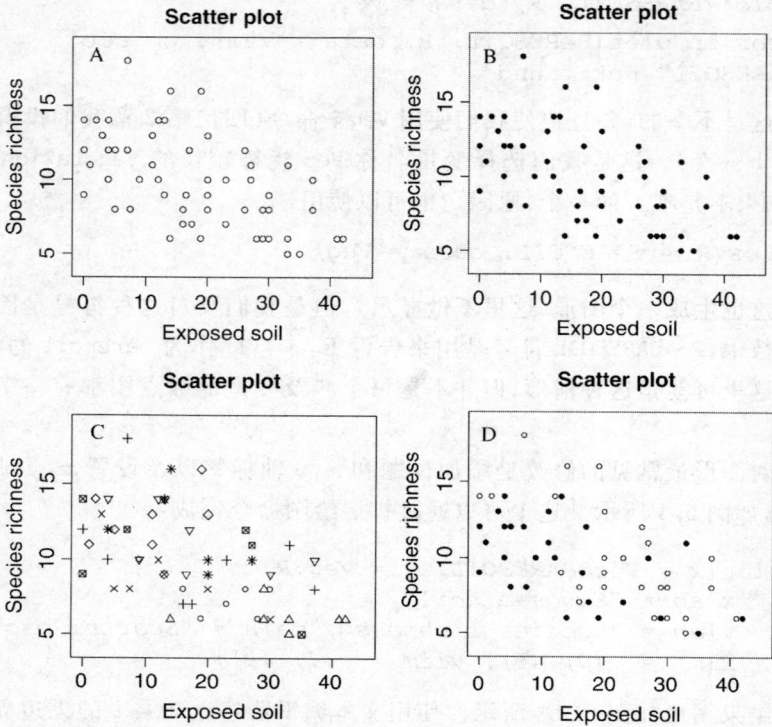

图 5.2　不同绘图选项的例子。**A**：物种丰富度（species richness）对裸露土壤
　　　　（BARESOIL）的散点图（Scatter plot）。**B**：与 A 同样的散点图，用实心圆
　　　　（或者点）绘制观察值。**C**：与 A 同样的散点图，用不同的符号表示每个
　　　　截面的观察值。**D**：与 A 同样的散点图，但是 1975 年以前测量的观察
　　　　值用空心圆绘制，1975 年以后测量的观察值用实心圆绘制

5.2　符号、颜色和尺寸

在我们的课程期间，关于图形最经常问到的问题是是否可以（1）改变
绘图符号；（2）使用不同的颜色；（3）根据另一个变量的值改变绘图符号尺
寸。本节我们讨论这三个问题，并把更复杂的修改比如改变刻度标记、增
加下标和上标以及其它的修改放在第 7 章和第 8 章。

5.2.1　改变绘图字符

缺省情况下，plot 函数使用空心圆（空心点）作为绘图字符，但是字符
P.89
可以从另外大约 20 个符号里选择。plot 函数里的 pch 选项具体指定绘图
字符；它的缺省值是 1（指的是空心点或圆）。图 5.3 展示了这些符号，它们

可以通过 pch 取不同的值得到。对于实心点,命令是 pch = 16。作为一个例子,下面的代码生成图 5.2B,其中我们用实心点代替空心点。

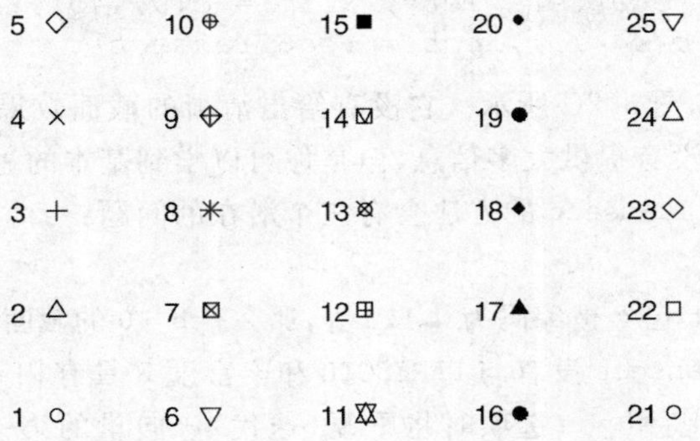

5 ◇	10 ⊕	15 ■	20 •	25 ▽
4 ×	9 ⊕	14 ☒	19 ●	24 △
3 +	8 ✳	13 ⊠	18 ◆	23 ◇
2 △	7 ⊠	12 ⊞	17 ▲	22 □
1 ○	6 ▽	11 ☒	16 ●	21 ○

图 5.3 这些符号可以通过 plot 函数里的 pch 选项得到。符号
左边的数字是 pch 的值(例如 pch = 16 表示 ·)

```
> plot(x = Veg$BARESOIL, y = Veg$R,
    xlab = "Exposed soil",
    ylab = "Species richness", main = "Scatter plot",
    xlim = c(0, 45), ylim = c(4, 19), pch = 16)
```

在图 5.2A,B 中,所有的观测值用同一种绘图符号表示(在面板 A 中空心圆通过缺省设置 pch = 1 获得,面板 B 中实心圆对应 pch = 16)。

草原数据是在 8 个截面上通过几年时间的测量得到的。把这个信息加到图 5.2A 里是有帮助的。在这点上,就显示了 R 的适应特性。假设你想使用不同的符号表示每个截面的观察值。为了实现这点,用一个与BARESOIL 和丰富度 R 具有相同长度的数值向量并且对于截面 1 的所有观察值该向量取值为 1,对于截面 2 的所有观察值该向量取值为 2,依次类推。当然没有必要使用 1,2 等。这个值可以使用任意有效的 pch 数字(图5.3)。你只需要保证在一个新的数值向量里,对单个截面的观察值其所有值是相同的,而对于其它截面取值是不同的。这种情形下你是幸运的。变量Transect 已经被编码为数字 1 到 8 表示 8 个截面。为观察这点,输入

```
> Veg$Transect
 [1] 1 1 1 1 1 1 1 2 2 2 2 2 2 2 3 3 3 3 3 3 3 3
[23] 4 4 4 4 4 4 4 5 5 5 5 5 5 5 6 6 6 6 6 6
[45] 6 6 7 7 7 7 7 7 7 8 8 8 8 8
```

因此,这里没有必要生成一个新的向量;你可以使用变量 Transect(如P.90果 Transect 被定义为因子这种方法是不可行的,具体如下):

```
> plot(x = Veg$BARESOIL, y = Veg$R,
    xlab = "Exposed soil", ylab = "Species richness",
    main = "Scatter plot", xlim = c(0, 45),
    ylim = c(4, 19), pch = Veg$Transect)
```

结果图形如图 5.2C 所示。它没有给出清晰的截面效果。这不是一个好的图形,因为没有提供太多信息,但是你可以学到基本的过程。

使用 pch = Transect 的方法会有三个潜在的问题:

1. 如果 Transect 已经被编码为 0,1,2 等,那么 pch = 0 的截面将不会被绘制。
2. 如果变量 Transect 没有与 BARESOIL 和丰富度 R 具有相同的长度,假设它较短;R 在使用 pch 选项时将重复(迭代)该向量的第一个元素,很明显它将产生一个令人误解的图形。在我们的例子中,没有这样的问题,因为 BARESOIL,丰富度和截面具有相同的长度。
3. 在第 2 章里,我们推荐在数据框里对分类(或名义)变量用 factor 命令定义。如果你选择一个名义变量作为 pch 的参数,R 将给出错误信息。此错误信息的描述如下:

```
> Veg$fTransect <- factor(Veg$Transect)
> plot(x = Veg$BARESOIL, y = Veg$R,
    xlab = "Exposed soil",
    ylab = "Species richness", main = "Scatter plot",
    xlim = c(0, 45), ylim = c(4, 19),
    pch = Veg$fTransect)
Error in plot.xy(xy, type, ...): invalid plotting symbol
```

在上面 R 代码的第一行,我们定义 fTransect 作为 Veg 数据框里的一个名义变量,并使用它作为 pch 选项的参数。正如你所看到的,R 不接受因子作为 pch 的参数;它必须是一个数值向量。

5.2.1.1　对 pch 使用向量

对 pch(后面讨论 col 和 cex 选项)使用向量会使人混淆。

植物数据的测量时间是 1958,1962,1967,1974,1981,1989,1994 和 2002。我们任意选取空心圆代表从 1958 到 1974 的观察值,实心圆代表 1974 年以后的观察值。很明显,选项 pch = Veg \$ Time 是不适合的,因为它试图使用 8 个不同的符号,并且 pch 的值 1958(或者任意其它的年代)是不存在的。我们必须创建一个与 Veg \$ Time 长度相同的数值向量,当 Time 是 1958,1962,1967 和 1974 时该向量取值为 1,是更近的年代时取值为 16。选择值 1 和 16 是因为我们希望空心和实心圆比其它组合能展示更强的对比性。这里是 R 代码(你也可以使用 ifelse 命令在一行里实现这一点):

P.91

```
> Veg$Time2 <- Veg$Time
> Veg$Time2 [Veg$Time <= 1974] <- 1
> Veg$Time2 [Veg$Time > 1974] <- 16
> Veg$Time2
```

```
 [1]  1  1  1   1 16 16 16   1  1  1   1   6 16 16   1
[16]  1  1  1  16 16 16 16   1  1  1   1 16 16 16 16
[31]  1  1  1   1 16 16 16 16  1  1   1   1 16 16 16
[46] 16  1  1   1 16 16 16   1  1  1 16 16 16
```

第一行命令生成一个与 Veg $ Time 长度相同的新的数值向量。接下来的两行把数值 1 和 16 分配到正确的位置。剩余的 R 代码是容易的；在 pch 选项里使用 Veg $ Time2。结果图形如图 5.2D 所示：

```
> plot(x = Veg$BARESOIL, y = Veg$R,
    xlab = "Exposed soil",
    ylab = "Species richness", main = "Scatter plot",
    xlim = c(0, 45), ylim = c(4, 19),
    pch = Veg$Time2)
```

在上面的文本中，我们提到不能使用 pch = Veg $ Time，因为 Time 包含的值在 pch 命令里不是有效的。使用 Veg $ Time 会出现以下结果

P.92

```
> plot(x = Veg$BARESOIL, y = Veg$R,
    xlab = "Exposed soil",
    ylab = "Species richness", main = "Scatter plot",
    xlim = c(0, 45), ylim = c(4, 19),
    pch = Veg$Time)
```

```
There were 50 or more warnings (use warnings() to see
the first 50)

> warnings()

Warning messages:
1: In plot.xy(xy, type, ...) : unimplemented pch value
'1958'
2: In plot.xy(xy, type, ...) : unimplemented pch value
'1962'
3: In plot.xy(xy, type, ...) : unimplemented pch value
'1967'
4: In plot.xy(xy, type, ...) : unimplemented pch value
'1974'
5: In plot.xy(xy, type, ...) : unimplemented pch value
'1981'
....
```

根据 R 的通知我们输入 warnings()。警告信息不言自明。

要了解更多的 pch 选项,通过? points 命令查看帮助文件里的 points 函数。

5.2.2 改变绘图符号的颜色

改变绘图选项的颜色对图形显示在屏幕或者报告中是有用的,但在科技出版物比较少用,因为这些最经常用的是黑白打印。在阅读本节前我们推荐你阅读 5.2.1 节,因为改变颜色的过程与改变符号是相同的。

为了用红色替换图 5.2 中的黑色的点,使用

```
> plot(x = Veg$BARESOIL, y = Veg$R,
    xlab = "Exposed soil",
    ylab = "Species richness", main = "Scatter plot",
    xlim = c(0, 45), ylim = c(4, 19),
    col = 2)
```

对于绿色,使用 col = 3。运行下面的代码可以看到其它可以利用的颜色。

```
> x <- 1:8
> plot(x, col = x)
```

因为本书不是彩色页面,所以这里我们不显示两个命令的结果。事实上,在 R 里远不止 8 种颜色可以利用。使用? par 命令打开 par 帮助文件,阅读靠近底部的"颜色说明"部分。它指出你可以使用函数 colors(或 colours),显然你可以从上百种颜色里选择。

5.2.2.1 对 col 使用向量

P.93 你也可以在 plot 函数的 col 选项里使用向量。假设你想对从 1958 年到 1974 年的观察值绘制黑色实心方块而对 1981 年到 2002 年的观察值绘制红色实心圆(这里显示浅灰色)。在前面的章节,你已经学习了使用变量 Time2 取值 15(方块)和 16(圆点)如何生成实心方块和圆点。通过类似的 R 代码可以使用两种颜色。首先,生成一个与 BARESOIL 和丰富度 R 具有相同长度的新变量,把它称为 Col2。对于从 1958 年到 1974 年的观察值,Col2 取值为 1(等于黑色),对于接下来的年代,Col2 取值为 2(等于红色)。R 代码是

```
> Veg$Time2 <- Veg$Time
> Veg$Time2 [Veg$Time <= 1974] <- 15
> Veg$Time2 [Veg$Time > 1974] <- 16
> Veg$Col2 <- Veg$Time
> Veg$Col2 [Veg$Time <= 1974] <- 1
> Veg$Col2 [Veg$Time > 1974] <- 2
> plot(x = Veg$BARESOIL, y = Veg$R,
    xlab = "Exposed soil",
    ylab = "Species richness", main = "Scatter plot",
    xlim = c(0, 45), ylim = c(4, 19),
    pch = Veg$Time2, col = Veg$Col2)
```

结果图形显示在图 5.4A。对 pch 选项问题的要点也适用于 col 选项。如果你使用 col = 0,观察值将不会在白色背景的图形里显示;具有颜色值的向量必须与 BARESOIL 和丰富度 R 具有相同长度;并且你必须使用该值与 R 里的一种颜色建立链接。

在花费大量的精力生成彩色图之前,可能值得考虑的是,在某些人群中,8%的男性人口是色盲!

5.2.3 改变绘图符号的尺寸

绘图符号的尺寸可以通过 cex 选项改变,并且它可以添加为 plot 命令的一个参数。cex 缺省值是 1。在 plot 命令里加入 cex = 1.5 则会生成一个所有的点都是缺省尺寸的 1.5 倍的图形:

```
> plot(x = Veg$BARESOIL, y = Veg$R,
    xlab = "Exposed soil", ylab = "Species richness",
    main = "Scatter plot",
    xlim = c(0, 45), ylim = c(4, 19),
    pch = 16, cex = 1.5)
```

我们用实心圆。结果图形显示在图 5.4B。

5.2.3.1 对 cex 使用向量

正如 pch 和 col 选项,我们示范使用一个向量作为 cex 选项的参数。P.94 假设你想使用大的实心点代表 2002 年的观察值而用小的实心点代表其它年份的观察值绘制 BARESOIL 对物种丰富度的图形。生成一个对 2002 年的观察值取值为 2 对其它所有年份的观察值取值为 1 的新向量。值 1 和 2 是好的开始点,通过训练和发现错误,可以找到最佳的不同尺寸。通过尝试 3 和 1,1.5 和 1 或者 2 和 0.5 等以决定哪组看起来最好。

P.95

```
> Veg$Cex2 <- Veg$Time
> Veg$Cex2[Veg$Time == 2002] <- 2
> Veg$Cex2[Veg$Time != 2002] <- 1
```

使用向量 cex2,我们的代码可以很容易地调整:

```
> plot(x = Veg$BARESOIL, y = Veg$R,
    xlab = "Exposed soil", ylab = "Species richness",
    main = "Scatter plot",
    xlim = c(0, 45), ylim = c(4, 19),
    pch = 16, cex = Veg$Cex2)
```

结果图形显示在图 5.4C。改变符号尺寸也可以通过使用 cex = 1.5 * Veg $ Cex2 或者 cex = Veg $ Cex2/2 完成。

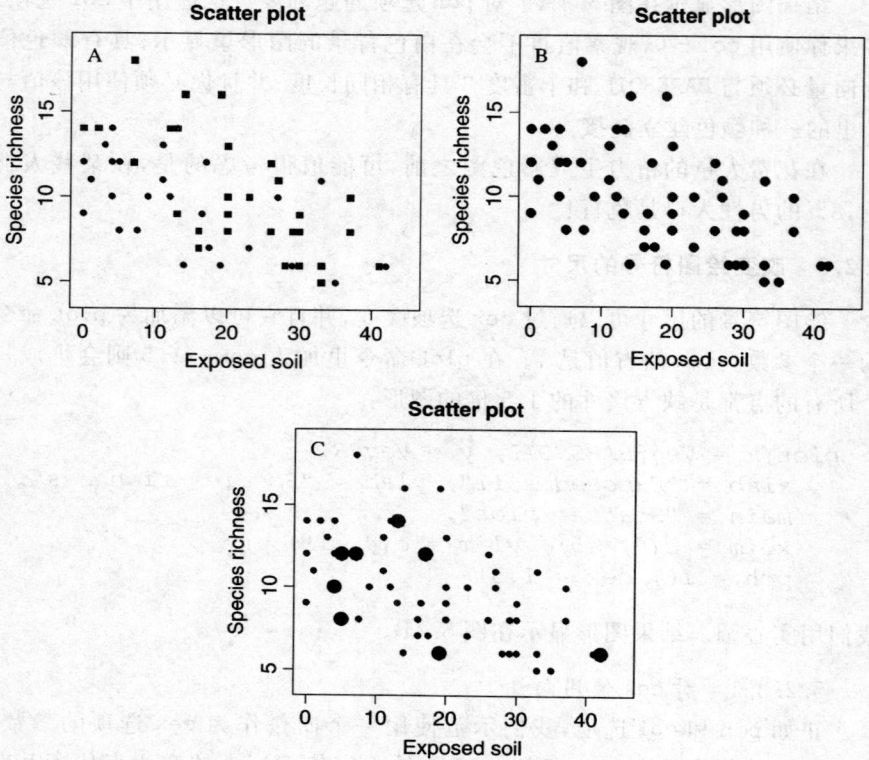

图 5.4   各种绘图命令的例子。**A**:物种丰富度对裸露土壤(BARESOIL)的散点图。黑色
实心方块代表 1958 年到 1974 年的观察值,而红色实心圆代表 1981 年到 2002
年的观察值。在印刷过程中彩色转换为灰色。**B**:与图 5.2A 相同的散点图,
这里所有的观察值用黑色实心点表示,它的尺寸是图5.2A中点的尺寸的 1.5
倍。**C**:与图 5.2A 相同的散点图,这里来自 2002 年的观察值用图5.2A中 2 倍
大小的点表示

5.3   添加一条平滑线

从图 5.1 很难看到一种特征。如果你添加一条平滑线[①]使物种丰富度
与 BARESOIL 之间的关系更加形象,那么你想传递给观众的信息将会变得更
加清楚。本书不涉及平滑的基本原则,我们推荐感兴趣的读者参考 Hastie
和 Tibshirani(1990),Wood(2006),或者 Zuur 等人(2007)的著作。

———————————

① 平滑曲线是拟合数据形状的一条线。对于我们而言,只要知道平滑曲线能捕捉数据的特征或
特性就足够了。

下面的代码应用平滑方法重新绘制图形,并通过使用 lines 命令在图形上添加合适的平滑线。

```
> plot(x = Veg$BARESOIL, y = Veg$R,
    xlab = "Exposed soil", ylab = "Species richness",
    main = "Scatter plot", xlim = c(0, 45),
    ylim = c(4, 19))
> M.Loess <- loess(R ~ BARESOIL, data = Veg)
> Fit <- fitted(M.Loess)
> lines(Veg$BARESOIL, Fit)
```

结果图形显示在图 5.5A。命令

P.96

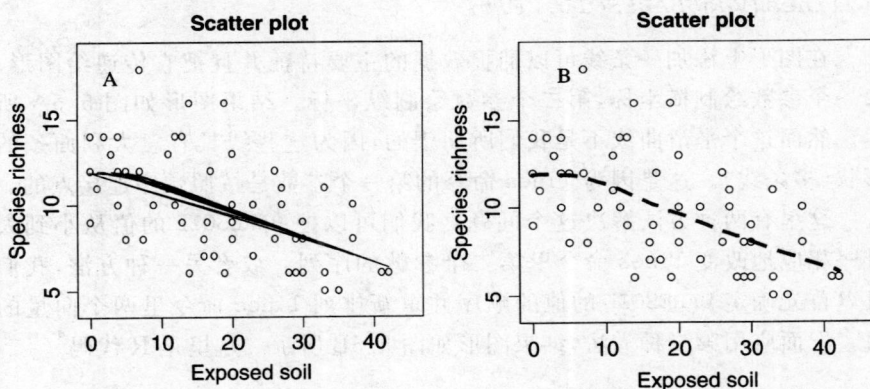

图 5.5 **A**:与图 5.2A 相同的散点图,添加一个平滑曲线。lines 命令出现了问题,因为裸露土壤(BARESOIL)没有从低到高排序。**B**:与图 5.2A 相同的散点图,但是绘制了一个合适的平滑曲线

```
> M.Loess <- loess(R ~ BARESOIL, data = Veg)
```

是应用平滑方法的步骤,它的输出保存在对象 M.Loess 里。为了观察它由什么组成,输入:

```
> M.Loess
```

```
Call:
loess(formula = R ~ BARESOIL, data = Veg)
Number of Observations: 58
Equivalent Number of Parameters: 4.53
Residual Standard Error: 2.63
```

那不是很有用的。因为 M.Loess 包含了很多信息,这些信息可以用具体的函数提取出来。知道合适的函数并如何应用将把我们带到统计领域;

感兴趣的读者可参考 resid,summary 或者 fitted(当然可以用 loess)的帮助文件。

符号 R~BARESOIL 表示物种丰富度 R 可以作为 BARESOIL 的函数。Loess 函数允许使用不同的选项,比如平滑的数量,这里我们不做讨论因为它将把我们带入更深的统计领域。只要我们不进一步利用 Loess 函数的具体选项,R 将使用默认设置,这能很好地符合我们的目的:绘制一个平滑曲线。

Loess 函数的输出,M.Loess,被用作 fitted 函数的输入。正如名字所表明的,这个函数提取拟合值,我们把它分配给变量 Fit。最后一个命令,

```
> lines(Veg$BARESOIL, Fit)
```

P.97 在图形上添加一条线可以捕捉数据的主要特征并且把它传递给图形。第一个参数绘制横坐标,第二个参数绘制纵坐标。结果图形如图 5.5A 所示。然而这个平滑曲线不是我们所期望的,因为这些线具有意大利面条的形状(多条线)。这是因为 lines 命令的第一个参数是按照顺序连接点的。

这里有两种方法解决这个问题。我们可以把 BARESOIL 的值从小到大排序相应地改变 lines 命令里第二个参数的序列。或者另一种方法,我们可以首先确定 BARESOIL 的值的顺序并重新排列 lines 命令里两个向量的值。下面应用第二种方法,结果图形如图 5.5B 所示。这里是 R 代码。

```
> plot(x =  Veg$BARESOIL, y = Veg$R,
    xlab = "Exposed soil",
    ylab = "Species richness", main = "Scatter plot",
    xlim = c(0, 45), ylim = c(4, 19))
> M.Loess <- loess(R ~ BARESOIL, data = Veg)
> Fit <- fitted(M.Loess)
> Ord1 <- order(Veg$BARESOIL)
> lines(Veg$BARESOIL[Ord1], Fit[Ord1],
        lwd = 3, lty = 2)
```

order 命令用来确定 BARESOIL 中元素的顺序,并允许在 lines 命令里把值由小到大重新排列。这里有一个小技巧是你只需要看一次,后面你就可以用很多次。我们也在 lines 命令里多添加两个选项,lwd 和 lty,分别表示线的宽度和线的类型。在第 7 章里有更进一步的讨论,但是为了观察它们的效果,可以改变数字并注意这些改变将在图形里显示。在 lines 命令里,col 选项也可以用来改变颜色,但是很明显 pch 选项没有这个效果。

平滑函数看起来像是表示 BARESOIL 对物种丰富度有负的影响。

5.4 我们学习了哪些 R 函数?

表 5.1 列出了本章所介绍的 R 函数。

表 5.1 本章所介绍的 R 函数

函 数	功 能	示 例
plot	y 对 x 的图形	plot (y, x, xlab = " X label", xlim = c(0,1),pch = 1,main = "Main",ylim = c (0,2),ylab = "Y label",col = 1)
lines	在已存在的图形上添加线	lines(x,y,lwd = 3,lty = 1,col = 1)
order	确定数据的顺序	order(x)
loess	使用 LOESS 平滑	M < - loess(y~x)
fitted	得到拟合值	fitted(M)

5.5 习题

习题 1. 对陆地生态数据使用 plot 函数。

在 Zuur 等人(2009)的著作第 16 章,有一个研究是利用广义加性混合 P.98 模型分析葡萄牙的一个路边被杀死的两栖动物的数量。在这个习题中,我们可以使用 plot 命令看到一部分数据。打开文件 *Amphibian_road_ Kills. xls*,准备一个电子数据表,并把数据输入到 R 里。

变量,TOT_N,是在一个抽样地点死亡的动物数目,OLIVE 是在一个抽样地点橄榄树的数目,D_Park 是从每一个抽样地点到附近的自然公园的距离。生成一个 TOT_N 对 D_Park 的图形。使用适当的标签,添加一条平滑线。再次画相同的图形,但是使用的点的尺寸与 OLIVE 的值成正比(这个可以显示是否有 OLIVE 的影响)。

第 6 章

循环与函数

初学者可以跳过这一部分内容,因为建立函数[1]和设计循环[2]并不是 R 的初学者要学的东西,除非你对这些内容有很大的兴趣。一般来说,人们认为这一部分的内容比较难,所以,我们在本章题目中加了星号[3]。然而,一旦掌握了这些工具,在工作中我们就可以节省大量的时间,尤其是在使用相似命令处理大批量数据时。

6.1 循环简介

R 的一个主要优点就是可以很容易地自己编写函数,而函数在很多情况下是很有用的。例如,假设你正在处理大批的多元数据集,对于每一个数据你都想得到它们的多样性指数,这样就有很多多样性指数需要计算。如果你幸运的话,可能有人已经编写好了计算这种多样性指数的函数程序,如果你足够幸运的话,这样的程序可能就存在一个流行的程序包中,并且软件代码经过了全面的检测,没有 bug。但是,如果在你没有找到能计算这种多样性指数的代码时,你就需要自己来编写这个程序了。

如果有可能将一种计算公式使用不止一次的话,你最好能把这种计算的代码编写成相应的程序,这样在以后的使用中就会非常方便。这些就把你带入了函数与循环以及条件语句的世界(比如 if 命令)。

---

[1] 函数是指能完成特殊任务的代码的集合。

[2] 循环是指重复地执行同一种命令,它是用迭代来执行的(迭代是重复的同义词)。

[3] 但原版书标题没有加星号。——译者注

后面的一个例子使用猫头鹰的数据集绘制了大量图形,涉及的主要方法就是循环,这个步骤对于处理困难的工作将是很有价值的。

发展这种步骤需要规划设计和一些逻辑思维。你需要像建筑师那样 P.100 在建筑房子之前绘制出详细的计划,不要在没有全盘计划之前就急着输入函数或者循环的代码。

你还需要考虑所设计函数的稳健性,你是打算仅仅使用它一次呢?还是打算在若干年后仍把它拿出来处理类似的数据集(当你已经忘记了函数中大部分设置和代码的含义)?你有没有考虑过把它拿出来和同事分享呢?

函数经常都是与循环同时出现的,因为它们对命令的智能化操作有很大帮助。

假设你有 1000 个数据集,对于每一个数据集你需要绘制一张图,并把它存为 jpeg 格式。如果手动完成这个任务,将花费很多时间,此时,一个能够不需要人们干涉就能自动执行任意次相同(或类似)命令的装置就是非常有价值的。循环恰好可以用来解决这种问题,对 1000 个数据集可以进行这样的处理:

```
i 从 1 变到 1000
    提取第 i 个数据集
    对于第 i 个数据集选取适当的图像标签
    针对第 i 个数据集作图
    将第 i 个数据集的图像存储起来
循环结束
```

注意以上的并不是 R 代码,它仅仅是一个示意流程,这也就是我们将它写在框中并且没有使用">"符号和 R 代码中所用的 Courier New 字体的原因。这个流程涉及到的是一个循环,如果代码语法正确的话,R 重复地执行 1000 次,从 $i=1$ 开始,到 $i=2$,一直到 $i=1000$。每一次运行时,循环内部的命令被执行一遍。

这个流程只有四步,但是,如果我们要对数据进行更多操作的话,就需要把相应的命令放在函数中。假如我们想做的不仅仅是对每个数据集做一个图,并且还想对其做一个统计表和多元分析,我们就需要把 10~15 句命令放在循环中,但是,代码将因此变得比较难理解。此时,使用函数可以起到很好的简化作用:

```
i 从 1 变到 1000
      提取第 i 个数据集
      对于第 i 个数据集执行计算统计表的函数
      对于第 i 个数据集执行作图与存储的函数
      对于第 i 个数据集执行计算多元分析的函数
循环结束
```

P.101　　　这里的每个函数都是针对相应数据集的一些命令的小集合,它们独立地工作,相互之间互不影响,只操作被告知的命令。必要的时候,函数不仅需要处理数据集,还需要对数据集返回相应的信息,函数一旦编写完成并且验证了正确性,就应该能够处理任何数据集,此时,你只要使用就可以了。

　　就像可以用不同的方式来建造房子一样,程序的设计也是多种多样。在上述的策略中,我们生成了一个 i 从 1 到 1000 的循环,在每一个循环中,我们执行提取数据和对其应用函数的命令。你还可以这样来完成这个工作:

```
对于每个数据集执行计算统计表的函数
对于每个数据集执行作图与存储的函数
对于每个数据集执行计算多元分析的函数
```

　　这里的每个函数中都包含了一个循环,在每个循环中数据被提取并且被应用于相应的命令。代码的编写形式完全取决于个人的编程习惯、代码长度、问题的类型、计算的时间等等。

　　在学习函数之前,我们先来了解一下循环。

6.2　循环

　　如果你对一些编程语言,比如 FORTRAN,C,C++,MATLAB[1] 等比较了解的话,你对循环一定不陌生。虽然 R 为了避免出现循环,给出了一些专门的工具,但是,这些工具对于有些情况也是无能为力的。为了阐明循环可以节约大量计算时间的情况,我们使用一个谷仓猫头鹰雏鸟乞食行为的数据。Roulin 和 Bersier(2007)观察了猫头鹰雏鸟对于父亲和母亲出现时的反应,他们选取了 27 个鸟巢样本,每个鸟巢内放置了麦克风,外部使用摄像头来考察当父母带回食物时雏鸟的乞食反应。并且,Roulin 和

---

[1]　这些都是一些类似于 R 的不同类型的编程语言。

Bersier(2007)以及 Zuur 等人(2009)的著作使用混合效应模型对其进行了完整的统计分析。

在这个例子中,我们使用"同胞协商"来定义在父母到达前 30 秒内发出叫声的雏鸟的数量和雏鸟总数量的比值。数据收集于连续两晚上 21 时 30 分到 5 时 30 分之间的时间段,变量 ArrivalTime 表示父母带回食物的时间。

假设你被任命写一个关于这些数据的报道,并且针对于每一个鸟巢绘制一个同胞协商对到达时间的 jpeg 格式的散点图。现在有 27 个鸟巢,所以你需要绘制并存储 27 张图。这并不是一个罕见的任务,我们完成过一些类似的工作(比如对北海(North Sea)>75 的鸟的种类绘制等高线图),此时要做的也许就是使用不同的绘图符号或者标题把以前的工作再做一遍。注意,R 中含有可以把 27 张散点图绘制到一张图中(详见第 8 章)的工具,但是此时我们假设客户明确指出需要 27 张不同的 jpeg 图。这种工作你一定不想人工手动地完成。

P.102

6.2.1 像建筑师那样设计代码

写代码之前,你需要像建筑师那样设计任务的大致步骤:

1. 载入数据,熟悉变量名,使用 read.table,names 和 str 命令。
2. 提取一个鸟巢的数据,对于这个子集绘制出同胞协商对到达时间的散点图。
3. 添加图像的标题以及 x 轴和 y 轴的坐标轴名称。此鸟巢的名字应该包含在主标题中。
4. 提取第二个鸟巢的数据,确定需要对原始图像做哪些修改。
5. 确定如何将图像存储为 jpeg 格式。
6. 写一个可以提取第 i 个鸟巢数据的循环,使用第 i 个鸟巢的数据绘制图像,并将其存储为一个具有易识别的名字的 jpeg 格式图片。

如果你能够很好地实现上述算法,你就是一个很好的建筑师了。

6.2.2 第 1 步:载入数据

下列的代码可以载入所需的数据,并且给出了变量名和它们的状态。这里的 R 代码中没有新的内容,都是在第 2 章和第 3 章里学过的命令,read.table,names 和 str。

```
> setwd("C:/RBook/")
> Owls <- read.table(file = "Owls.txt", header = TRUE)
> names(Owls)
[1] "Nest"              "FoodTreatment"
[3] "SexParent"         "ArrivalTime"
[5] "SiblingNegotiation" "BroodSize"
[7] "NegPerChick"
> str(Owls)
'data.frame':    599 obs. of  7 variables:
 $ Nest               : Factor w/ 27 levels ...
 $ FoodTreatment      : Factor w/ 2 levels ...
 $ SexParent          : Factor w/ 2 levels ...
 $ ArrivalTime        : num 22.2 22.4 22.5 22.6 ...
 $ SiblingNegotiation : int 4 0 2 2 2 2 18 4 18 0 ...
 $ BroodSize          : int 5 5 5 5 5 5 5 5 5 5 ...
 $ NegPerChick        : num 0.8 0 0.4 0.4 0.4 0.4 ...
```

P.103

变量 Nest,FoodTreatment 和 SexParent 在 ascii 文件中使用混合符号码进行了定义,因此 R 将其(准确地说)视为字符(参见 str 命令对于这些变量的输出)。

6.2.3   第 2 步和第 3 步:绘制散点图并添加标签

提取某一个鸟巢的数据前,你必须弄清楚这个鸟巢的名字。这项任务可以由 unique 命令来完成:

```
> unique(Owls$Nest)
 [1] AutavauxTV      Bochet        Champmartin
 [4] ChEsard         Chevroux      CorcellesFavres
 [7] Etrabloz        Forel         Franex
[10] GDLV            Gletterens    Henniez
[13] Jeuss           LesPlanches   Lucens
[16] Lully           Marnand       Moutet
[19] Murist          Oleyes        Payerne
[22] Rueyes          Seiry         SEvaz
[25] StAubin         Trey          Yvonnand
27 Levels: AutavauxTV Bochet Champmartin ... Yvonnand
```

以上给出了 27 个鸟巢的名字,提取某一个鸟巢的数据可以使用第 3 章中所介绍的以下代码:

```
> Owls.ATV <- Owls[Owls$Nest=="AutavauxTV", ]
```

Owls $ Nest=="AutavauxTV"之后的逗号表示可以选择这个数据框的行。我们称这个鸟巢所提取的数据为 Owls.ATV,ATV 代表这个鸟巢的名字。为了绘制散点图,我们需要提取 Owls.ATV 中到达时间和协商行为的数据,这些内容在第 5 章中曾讨论过,具体代码为:

```
> Owls.ATV <- Owls[Owls$Nest == "AutavauxTV", ]
> plot(x = Owls.ATV$ArrivalTime,
        y = Owls.ATV$NegPerChick,
        xlab = "Arrival Time", main = "AutavauxTV"
        ylab = "Negotiation behaviour)
```

你将从数据框 Owls.ATV 中绘制变量 ArrivalTime 对 NegPerChick 的 P.104 散点图,因此使用了 $ 符号。所绘制的图像如图 6.1 所示。迄今为止,这些步骤中还没有涉及新的 R 代码。

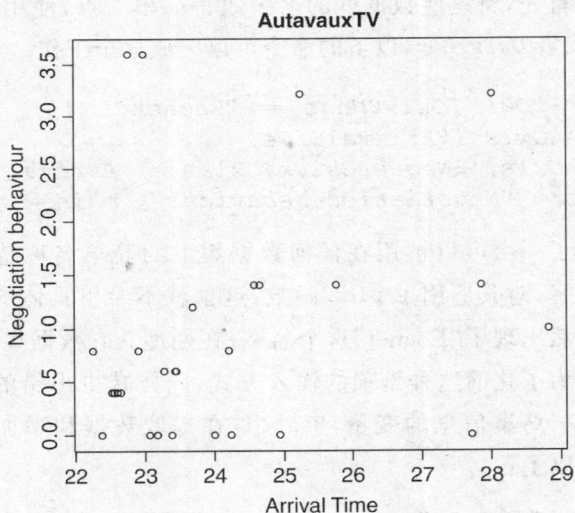

图 6.1　某一个鸟巢中到达时间(Arrival Time,横轴)对每次访问协
　　　　商行为(Negotiation behaviour,纵轴)的散点图。时间取自 22
　　　　(22 时)到 29(5 时[①]),测量来自连续两个晚上

6.2.4　第 4 步:设计通用代码

为了研究代码的通用性,我们将相同的步骤应用于另外一个鸟巢的数据。针对第二个鸟巢,代码只需要做很小的修改,你只要把原来输入的 AutavauxTV 改为 Bochet 即可。

---

① 原文中为 4.00,似有误。——译者注

```
> Owls.Bot <- Owls[Owls$Nest == "Bochet", ]
> plot(x = Owls.Bot$ArrivalTime,
        y = Owls.Bot$NegPerChick,
        xlab = "Arrival Time",
        ylab = "Negotiation behaviour", main = "Bochet")
```

　　这里就不绘出具体的图像了。我们在此把这个特定的鸟巢数据存储到数据框 Owls.Bot 中,这里"Bot"表示"Bochet"的意思。如果你还想绘制其它鸟巢的这个图像,你只需要替换掉主标题名称、数据框名称以及实际的数据就可以了(循环将为我们完成这个工作)。

　　问题在于,你最多需要把这些命令再执行 25 次,怎样才能化简这个繁琐的步骤呢? 首先,将这些数据框的名字改得简单一点,使用 Owls.i 替换掉 Owls.ATV 或者 Owls.Bot,以下的命令可以完成这个工作。

P.105
```
> Owls.i <- Owls[Owls$Nest == "Bochet", ]
> plot(x = Owls.i$ArrivalTime,
        y = Owls.i$NegPerChick, xlab = "Arrival Time",
        ylab = "Negotiation behaviour", main = "Bochet")
```

　　我们使用了一个可以被用在任何数据集上的简单名称替换了所提取数据的特殊名字,对其应用了 plot 函数,这里就不绘出具体的图像了。代码中有两处仍然出现了"Bochet"这个名字,在处理其它数据集时,需要将它们进行替换。为了化简这种繁琐的输入方式(同样减少出错的机率),可以定义一个包含了鸟巢信息的变量,Nest.i,在提取数据和添加标题时使用这个变量就可以了:

```
> Nest.i <- "Bochet"
> Owls.i <- Owls[Owls$Nest == Nest.i, ]
> plot(x = Owls.i$ArrivalTime, y = Owls.i$NegPerChick,
        xlab = "Arrival Time", main = Nest.i,
        ylab = "Negotiation behaviour")
```

　　如果要绘制其它鸟巢的图像,你只需要更改一下代码第一行中鸟巢的名字就可以了,其它地方都会相应地进行更改。

6.2.5　第 5 步:保存图像

　　现在,你需要做的就是将图像存储为 jpeg 文件(详见 jpeg 函数的帮助文件):

1. 选择一个文件名。这个可以是任何名字,例如,"AnyName.jpg"。
2. 通过键入 jpeg(file = "AnyName.jpg")打开一个 jpeg 文件。

3. 使用 plot 命令来绘制图像。由于你键入了 jpeg 命令，R 将把所有的图像存储为 jpeg 文件，并且图像的输出不出现在屏幕上。

4. 通过键入 dev.off()关闭 jpeg 文件。

你还可以在第 3 步中执行其它的绘图命令（如 plot, lines, points, text），所有这些结果都将存储为 jpeg 文件，直至 R 执行了关闭文件的 dev.off(device off)命令。所有在执行 dev.off 命令之后输入的绘图命令都不能将结果存为 jpeg 文件，但是会将结果显示在屏幕上。这一点在图 6.2中将做图解说明。

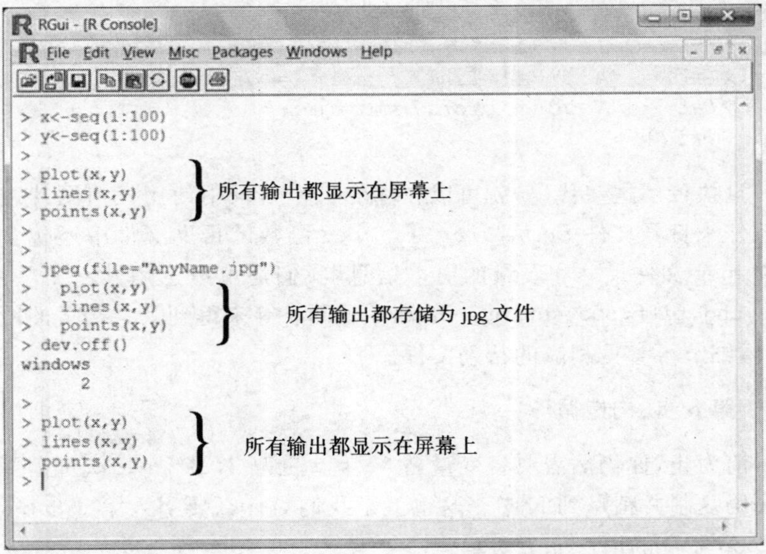

图 6.2　jpeg 和 dev.off 命令的小结。所有在 jpeg 和 dev.off 命令之间的绘图结果都存储为 jpg 文件，x 轴和 y 轴可任意选取

在这一问题上，你就需要考虑将文件存放在哪里，最好是和 R 的工作目录相互独立的存储。第 3 章中我们讲了如何使用 setwd 命令来设置工作目录，我们此时选取"C:/AllGraphs"作为存储目录，当然你也可以根据自己的选择更改这个目录。

最后一个需要解决的问题就是如何生成一个文件名随着鸟巢名字（变量 Nest.i）改变而自动变化的文件。需要选择一个包含有鸟巢名字（比如 Bochet）并且扩展名为 jpg 的文件名，我们可以使用 paste 命令来连接"Bochet"和".jpg"这两个字符串，并且之间不加空格（也就是"Bochet.jpg"）就可以了：

P.106

```
> paste(Nest.i, ".jpg", sep = "")
[1] "Bochet.jpg"
```

paste 命令的输出就是一个可以被用来作为文件名的字符串,可以使用一个变量来存储它并且将其应用在 jpeg 命令中。我们在以下的代码中使用变量 YourFileName 作为文件名,R 就将介于 jpeg 和 dev.off 命令之间的绘图结果存储到这个文件中。

```
> setwd("C:/AllGraphs/")
> Nest.i <- "Bochet"
> Owls.i <- Owls[Owls$Nest == Nest.i, ]
> YourFileName <- paste(Nest.i, ".jpg", sep="")
> jpeg(file = YourFileName)
> plot(x = Owls.i$ArrivalTime, y = Owls.i$NegPerChick,
    xlab = "Arrival Time", main = Nest.i,
    ylab = "Negotiation behaviour")
> dev.off()
```

P.107 一旦执行了这些代码,就可以在你的工作目录中使用任何图片或照片编辑软件来打开文件 *Bochet.jpg* 了。jpeg 函数的帮助文件中还包含了一些改善 jpeg 文件尺寸和质量的更多信息,我们还可以选用其它一些函数,如 bmp,png,tiff,postscript,pdf 和 windows 等来得到其它格式的图片文件,具体细节可参见相应的帮助文件。

6.2.6 第 6 步:构造循环

目前为止,你仍然需要将变量名 Nest.i 更改 27 次,每一次都需要将相应的代码复制并粘贴到 R 中。这也就是我们为什么要引入第 6 步循环了。R 中 loop 命令的语法如下所示:

```
for (i in 1 : 27) {
    do something
    do something
    do something
  }
```

"Do something"并不是有效的 R 指令,因此我们将这些指令放在框中,注意这些命令必须放在两个花括号{和}之间。我们用 27 是因为总共有 27 个鸟巢。每一次循环中,指标 i 都取 1 到 27 之间的一个值。"do something"表示有序地对当前使用的 i 值执行相应的命令。因此,你需要针对相应的鸟巢,将打开 jpeg 文件、绘制图形、关闭 jpeg 文件等的代码输入到循环中,这些只是第 5 步中代码的一个简单拓展。

在下列代码中的第一行,我们对鸟巢的名字使用了 unique 函数,确定了其唯一性。在循环中的第一行，我们令 Nest.i 与第 i 个鸟巢的名字是等价的。所以，当 i 是 1 时，Nest.i 就是"AutavauxTV"；$i=2$ 意味着 Nest.i ="Bochet"；如果 i 是 27，则 Nest.i 就是"Yvonnand"，剩下的代码在前面的步骤中都已讨论过了。如果运行这个代码，和我们的设想一样，在工作目录中就可以得到 27 个 jpeg 文件。

```
> AllNests <- unique(Owls$Nest)
> for (i in 1:27){
 Nest.i <- AllNests[i]
 Owls.i <- Owls[Owls$Nest == Nest.i, ]
 YourFileName <- paste(Nest.i, ".jpg", sep = "")
 jpeg(file = YourFileName)
 plot(x = Owls.i$ArrivalTime, y = Owls.i$NegPerChick,
     xlab = "Arrival Time",
     ylab = "Negotiation behaviour", main = Nest.i)
 dev.off()
 }
```

P. 108

完成 6.6 节的习题 1。这是一个使用温度数据集构造循环的练习。

6.3 函数

函数的原理对很多读者来说可能还比较新颖。如果你不熟悉它的话，可以把它想象成一个盒子，在它的一侧有很多洞（相当于输入），另外一侧有一个洞（相当于输出）。我们可以把各种信息通过很多个洞输入到盒子里，盒子就像一个管理者，它对信息进行处理之后将结果由另一侧的洞输出。只要函数能正常地工作，我们对于它是怎样得到这个结果是没有多大兴趣的。我们在第 5 章中已经使用了 loess 函数，它的输入由两个变量组成，输出是一个包含了合适数值的列表。其它一些已出现的函数例子有 mean，sd，sapply 和 tapply 等等。

函数的基本概念可以由图 6.3 来进行描述。它的输入是一些变量，A，B 和 C，这些变量可以是向量、矩阵、数据框或者列表，函数执行一些设计好的计算程序，将结果传递给用户。

学习函数最好的办法就是分析一些例子。

6.3.1 零和空

在执行统计分析前，查找并处理所有的缺失值是非常重要的，因为它们经常会带来一些困难。某些方法，例如线性回归，将会移除所有包含有

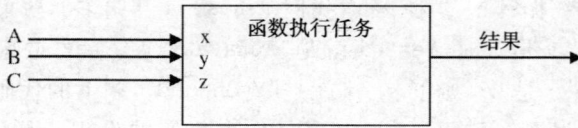

图 6.3   函数工作原理的图示。函数的输入为多个变量，然后执行计算，
再将结果传递给用户。根据变量输入的顺序，A,B 和 C 在函数中
依次被称为 x,y 和 z,这被称为位置互相匹配

缺失值的情形（观察值）。含有很多零的变量也会引起一些麻烦，尤其是在
多元分析中。例如，我们会因为海豚和大象都不生活在月亮上而认为这两
者是类似的吗？而在多元分析讨论中它们都是零，详见 Legendre 和
Legendre(1998)的著作。在单变量分析中，含有很多零的响应变量同样会
导致很多问题（见 Zuur 等,2009 中 Zero Inflated Data 这一章）。

P.109　　　我们建议对每一个变量制作一个表格来给出它含有缺失值和零的个
数，当然也建议对每一种情形使用表格给出缺失值（或零）的个数。以下的
阐述使用了 R 代码来生成这样的表格，但是在继续学习前，我们建议你首
先完成 6.6 节的习题 2,因为它可以帮助你更好地认识这一部分内容中的
R 代码。

　　这个例子中使用了第 4 章中的植物数据，我们用 read.table 函数来载
入数据，并用 names 命令来观察变量的列表：

```
> setwd("C:/RBook/")
> Veg <- read.table(file = "Vegetation2.txt",
                    header = TRUE)
> names(Veg)
 [1] "TransectName"  "Samples"      "Transect"
 [4] "Time"          "R"            "ROCK"
 [7] "LITTER"        "ML"           "BARESOIL"
[10] "FallPrec"      "SprPrec"      "SumPrec"
[13] "WinPrec"       "FallTmax"     "SprTmax"
[16] "SumTmax"       "WinTmax"      "FallTmin"
[19] "SprTmin"       "SumTmin"      "WinTmin"
[22] "PCTSAND"       "PCTSILT"      "PCTOrgC"
```

　　前四个变量包含了时间截面的名称、截面的个数和测量时间等，R 的
列标签包含了每个观察值的种群丰富度（种群的数量），剩下的变量都是协
变量。

　　假设你想要这样一个函数，它的输入是包含这些数据的数据框，计算
的结果是每个变量含有缺失值的个数。则这个函数的语法应该是

```
NAPerVariable <- function(X1) {
  D1 <- is.na(X1)
  colSums(D1)
}
```

如果你将这个代码输入到一个文本编辑器中并将其粘贴到 R 中,你将看不到任何结果。这个代码定义了一个名为 NAPerVariable 的函数,但是它并没有执行这个函数,以下的命令可以用来执行它:

```
> NAPerVariable(Veg[,5:24])
       R      ROCK    LITTER            ML   BARESOIL   FallPrec
       0         0         0             0          0          0
  SprPrec  SumPrec    WinPrec   FallTmax    SprTmax    SumTmax
       0         0         0             0          0          0
  WinTmax FallTmin   SprTmin    SumTmin    WinTmin    PCTSAND
       0         0         0             0          0          0
  PCTSILT  PCTOrgC
       0         0
```

P.110

我们在这里省略掉了数据框 Veg 的前四列,因为这些包括了截面和时间的信息,在变量的列表中可以看到它们没有缺失值。我们进一步观察函数的内部到底执行了哪些操作:函数的第一个,也是唯一的一个参数为 X1,它的列表示变量,行表示观察值。is.na(X1)命令生成了一个与 X1 维数相同的布尔矩阵,如果 X1 矩阵中某元素的值为缺失值,则此矩阵中相应的位置为 TRUE 值,否则,为 FALSE 值。colSums 函数是 R 中已有的一个函数,它的作用是计算每一列(变量)中元素的和。正常情况下,colSums 函数的使用对象是具有数值的矩阵,但是当它的使用对象是布尔矩阵的时候,它会将 TRUE 转化为 1,将 FALSE 转化为 0。因此,colSums(D1)命令的输出结果就是每个变量的缺失值个数。

如果你用 rowSums 命令替换了 colSums 命令,这个函数就会给出每个观察值缺失值的个数。

6.3.2 技术信息

函数中有一些小的问题我们还是需要强调一下的:首先,函数内部使用的变量名称。注意到我们使用了 X1 和 D1。你可能想知道函数内部的代码是怎样运行的,例如为什么 X1 显示的是蓝色。这里使用了**位置匹配**原则,NAPerVariable 的第一个,在这里也是唯一的一个参数是数据框 Veg 的一个子集。在函数中,这个值赋值给 X1,因为 X1 是这个函数参数中的第一个变量,因此 X1 包含了数据框 Veg 的 5~24 列。

位置匹配的原理在图 6.3① 中已做了陈述,外部变量 A,B 和 C 在函数中被相应地称为 x,y 和 z,R 能判断出 x 就是 A,因为它们都是函数中的第一个参数,我们已经在 plot,lines 和 loess 函数的参数中看到过这种现象了。之所以要改变变量名称的原因是因为你不能在函数内部使用一个已经存在于函数外部的名称。假如你在编程中出现了一些错误,例如,你把 D1 <- is.na(X1)错误地写为 D1 <- is.na(X),R 将首先在函数内部寻找变量 X 的值,如果在函数内部找不到这个变量的话,它将在函数的外部寻找这个值。如果此时函数外部恰好存在这个变量的话,R 将不会通知你而直接使用这个值,此时计算出的就不是变量 Veg 中缺失值的个数了,而是 X 中缺失值的个数,不管 X 是什么东西。一般的惯例是对函数内部使用的所有变量、矩阵、数据框等使用不同的或者新的变量名。

函数中出现的第二个重要问题就是返回给用户的结果信息的形式。FORTRAN 和 C++的用户可能认为这是由函数参数决定的,但事实却不

P.111 是这样,函数中最后一行代码的结果将是返回信息。函数 NAPerVariable 中的最后一行是 colSums(D1),所以这是提供的返回信息。如果你使用

```
> H <- NAPerVariable(Veg[ , 4 : 24])
```

H 将包含向量中缺失值的个数。如果函数的最后一行是一个列表,则 H 也将是一个列表。在本章后面出现的一个例子中,我们将看到这个特点对于返回多个变量是很有用的(也可参见第 3 章)。

通常情况下,最好对你的代码进行适当的说明。你可以对此函数增加适当的注释(使用♯符号),说明数据都是以变量观察值格式排列的,计算的结果是每一列缺失值的个数。

你还需要保证所写的函数可以运行将来你所输入的任何可能的数据集。例如,上述这个函数的输入如果是一个向量(变量)而不是矩阵的话,它将会给出错误信息,colSums 命令的工作对象仅可以是包含有多个列的数据(或至少是矩阵)。你需要对这一点进行说明,提供一个易理解的错误信息,或者将它拓展为可以正确运行输入是向量的情况。

6.3.3　零和空的第二个示例

红王蟹(*Paralithodes camstchaticus*)在十九世纪六七十年代被从它的原产地北太平洋引进到巴伦支海。海鱼,包括鳕鱼身体里的一种水蛭 *Johanssonia arctica* 会将它的卵排到这种蟹的外壳中,这种水蛭是一种锥体虫血液寄生虫细菌。Hemmin-gsen 等人(2005)在每年一次沿挪威北部

---

① 原文为图 6.1,似有误。——译者注

芬马克(Finnmark)海岸巡航中研究了大量鳕鱼的锥体虫感染情况。我们在这里使用他们的数据,其中包含了寄生虫是否出现在鱼的身体里和每条鱼身体内寄生虫的数量。记录的信息包括了身长、体重、年龄、级别、性别和所附属鱼的位置等。我们使用所熟悉的 read.table 和 names 函数来载入数据并给出变量名:

```
> setwd("c:/RBook/")
> Parasite <- read.table(file = "CodParasite.txt",
                         header = TRUE)
> names(Parasite)
[1] "Sample"      "Intensity"  "Prevalence" "Year"
[5] "Depth"       "Weight"     "Length"      "Sex"
[9] "Stage"       "Age"        "Area"
```

由于我们已经在 6.3.1 节中将函数 NAPerVariable 复制并粘贴到了 R 中,所以这里就不需要再编写这个函数了,可以直接键入以下命令来获得每个变量缺失值的数量。

P.112

```
> NAPerVariable(Parasite)
    Sample   Intensity  Prevalence      Year     Depth
         0          57           0         0         0
    Weight      Length         Sex     Stage       Age
         6           6           0         0         0
      Area
         0
```

在变量 Intensity 中有 57 个缺失值,Weight 和 Length 中各有 6 个缺失值。

在统计分析中,我们可以将寄生虫的数量看作是年份、身长或者体重、性别、所附属鱼的位置的函数,通常可以使用广义线性模型来实现这一点,并且对数据进行计数。但是,如果目标变量中含有很多零值的话就会导致各种问题。因此,我们需要确定每个变量中究竟有多少个零,尤其是变量 Intensity 中。首先,我们尝试做如下函数:

```
ZerosPerVariable <- function(X1) {
  D1 = (X1 == 0)
  colSums(D1)
}
```

这和前面的 NAPerVariable 函数是类似的,只是这里当 X1 中的元素值为 0[①] 时,矩阵 D1 的相应位置取 TRUE 值,否则取 FALSE 值。使用如下命令

---

① 原文为 1,似有误。——译者注

来执行这个函数：

```
> ZerosPerVariable(Parasite)
Sample   Intensity Prevalence      Year       Depth
    0         NA        654          0           0
Weight     Length        Sex      Stage         Age
   NA         NA         82         82          84
  Area
    0
```

共有 654 条鱼没有寄生虫，有 82 个关于性别的观察值为 0，性别和级别观察值中含有一些值为 0 的观察值的情况是和译码方式有关的，仅仅将其理解为字面上的意思就可以了。变量 Intensity，Weight 和 Length 中含有一些空值，这是因为如果变量的任何位置中出现了空值，colSums 函数的输出就为空值。colSums 函数的帮助文件（可通过键入？colSums 得到）告诉我们可以通过加上 na.rm = TRUE 命令来解决这个问题。这样，就得到如下函数：

```
ZerosPerVariable <- function(X1) {
   D1 = (X1 == 0)
   colSums(D1, na.rm = TRUE)
}
```

P.113

由于有了 na.rm = TRUE 选项，缺失值此时就被忽略掉了。执行新的函数，我们将得到：

```
> ZerosPerVariable(Parasite)
Sample   Intensity Prevalence      Year       Depth
    0        654        654          0           0
Weight     Length        Sex      Stage         Age
    0          0         82         82          84
  Area
    0
```

此时输出结果显示 Weight 和 Length 的观察值中没有等于 0 的值，这是有意义的。变量 Intensity 和 Prevalence 都含有 654 个零值，这也是有意义的，0 在变量 Prevalence 中表示没有的意思。

6.3.4   具有多个参数的函数

前面的章节中，我们编写了两个函数，一个用来确定每个变量中缺失值的数量，另一个用来确定每个变量中零值的数量。这一节中，我们将它们结合起来，编写一个既能计算观察值中零值数量的和，也能计算观察值中空值数量的和的函数。下面给出这个新函数的代码：

```
VariableInfo <- function(X1, Choice1) {
   if (Choice1 == "Zeros"){ D1 = (X1 == 0) }
   if (Choice1 == "NAs")  { D1 <- is.na(X1)}
   colSums(D1, na.rm = TRUE)
}
```

这个函数有两个参数:X1 和 Choice1。和前面一样,X1 包含了数据框,而 Choice1 是一个包含"零"或者"空"的变量。可使用如下命令来执行这个函数:

```
> VariableInfo(Parasite, "Zeros")
```

Sample	Intensity	Prevalence	Year	Depth
0	654	654	0	0
Weight	Length	Sex	Stage	Age
0	0	82	82	84
Area				
0				

对于缺失值,我们可以使用

P.114

```
> VariableInfo(Parasite, "NAs")
```

Sample	Intensity	Prevalence	Year	Depth
0	57	0	0	0
Weight	Length	Sex	Stage	Age
6	6	0	0	0
Area				
0				

可以看到,这个函数的输出结果和前面内容是一样的,这就达到了我们预定的要求。我们还可以分配一个变量来存储这个函数的输出结果:

```
> Results <- VariableInfo(Parasite, "Zeros")
```

如果你在操作界面中输入 Results,你将得到与上面一样的结果。图 6.4 给出了上面函数工作的示意图,此函数的输入是数据框 Parasite 和字符串"Zeros",它们在函数中分别被称为 X1 和 Choice1。然后函数进行相应的计算,并将最终结果存储在 D1 中。在函数外部,我们可以使用 Results 来查看结果。当确定了此函数代码的正确性并且无 bug 时,你就可以忘记变量 X1,Choice1 和 D1 了,并且不用管函数内部是怎么运行的,你所需知道的就是输入和结果。

现在唯一的问题是我们目前的函数对于用户的错误信息不是很稳健。假设你在输入上出现了错误,将"Zeros"拼成了"zeroos":

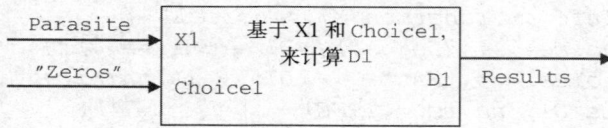

图 6.4   计算数据集中零值或者缺失值的函数图示。根据
          位置匹配原则，数据框 Parasite 和字符串"Zeros"
          在函数内部分别被称为 X1 和 Choice1

```
> VariableInfo(Parasite, "zeroos")
Error in inherits(x, "data.frame"): object "D1" not
found
```

P.115   变量 Choice1 就会等于一个不存在的字符"zeroos"，所以此时就不会
执行任何命令。因此，D1 将没有值，取而代之的是最后一行的这个错误信
息。另外一个可能出现的错误就是忘记给第二个参数赋值：

```
> VariableInfo(Parasite)
Error in VariableInfo(Parasite): argument "Choice1" is
missing, with no default
```

变量 Choice1 没有值，函数代码的第一行就无法执行。设计函数中很
大的一个挑战就是预知可能出现的错误，这里，我们看到了两个很傻的（但
是很常见）错误，事实上，针对于此类错误，函数是可以被设计的更稳健的。

6.3.5   稳健的函数

设计一个稳健的函数，你可能必须发动数百号人来共同寻找并报告错
误，或者是将这个函数应用到数百个数据集上，即便如此，设计出的函数可
能还是有问题。但是，我们可以做一些简单的事情来使函数尽可能的稳
健。

6.3.5.1   函数参数中变量的默认值

在上述函数中，我们可以给变量 Choice1 赋一个默认值。这样的话，即
使我们在使用中忘记给 Choice1 赋值，函数也会使用默认值进行计算。如
函数可被设计为：

```
VariableInfo <- function(X1, Choice1 = "Zeros") {
  if (Choice1 == "Zeros"){ D1 = (X1 == 0) }
  if (Choice1 == "NAs")  { D1 <- is.na(X1) }
  colSums(D1, na.rm = TRUE)
}
```

此时的默认值是"Zeros"。我们可以不给变量 Choice1 赋值来执行这

个函数,同样会得到有效的结果。为了验证这一点,键入

```
> VariableInfo(Parasite)
```

Sample	Intensity	Prevalence	Year	Depth
0	654	654	0	0
Weight	Length	Sex	Stage	Age
0	0	82	82	84
Area				
0				

如果要计算缺失值的数量,可使用和以前一样的命令: P.116

```
> VariableInfo(Parasite, "NAs")
```

此情形下,函数中的第二个 if 命令将被执行,这里就不再列出这个命令的结果。最后,不要忘记给默认值编写帮助文件。

6.3.5.2 拼写错误

我们还希望上述函数能够根据 Choice1 的值来执行适当的代码,如果 Choice1 的值不等于"Zeros"或"NAs"时能给出相应的警告信息。以下的代码就可以完成这个任务:

```
VariableInfo <- function(X1, Choice1 = "Zeros") {
    if (Choice1 == "Zeros"){ D1 = (X1 == 0) }
    if (Choice1 == "NAs")  { D1 <- is.na(X1) }
    if (Choice1 != "Zeros" & Choice1 != "NAs") {
        print("You made a typo") } else {
            colSums(D1, na.rm = TRUE) }
}
```

第三个 if 指令的作用是,当 Choice1 的值不等于"Zeros"或"NAs"时,输出警告信息,否则,执行 colSums 命令。为了查看它的运行情况,键入:

```
> VariableInfo(Parasite, "abracadabra")

[1] "You made a typo"
```

注意到函数的内部其实进行了如下的工作步骤:

> 如果 A 成立,如何如何
> 如果 B 成立,如何如何
> 如果 C 成立,如何如何,否则,如何如何

专业的程序员会反对这种程序结构,原因在于 R 需要检查每一个 if 指令,哪怕参数是"Zeros"且仅有第一个 if 指令与其相关。在此函数中,这没有多大的影响,因为只有三个 if 指令,不会花费太多的时间,但是如果

有 1000 个 if 指令,且仅有一个 if 指令需要执行,那么检查所有的指令列表将会浪费很多时间。if 命令的帮助文件,通过? if 获得,提供了一些处理这种情况的工具。在"另见"部分中,提出了 ifelse 命令,在上述函数中我们可以用它来代替前两个 if 命令:

P.117
```
> ifelse(Choice1 == "Zeros", D1 <- (X1 == 0),
                             D1 <- is.na(X1))
```

如果 Choice1 的值等于"Zeros",D1 <- (X1 == 0)命令将被执行,其它所有情况下,执行 D1 <- is.na(X1)。我们不仅要准确地记住这些命令,还要明白它们在 R 中的适用范围。在 6.4 节中,我们将说明如何使用 if else 句型来避免检查大量的 if 指令。

应用猫头鹰数据,通过对 ifelse 命令定义新的分类变量完成 6.6节的习题 2。

6.4　函数和 if 指令的其它问题

接下来,我们通过一个多元数据集来讨论从函数外部传递多个参数值和 ifelse 命令。荷兰政府研究机构 RIKZ 于 2002 年夏天开展了一个海底生物取样项目,项目从沿荷兰海岸线 9 个海滩的 45 个站点收集了大约 75 种海底生物的数据。该数据的深层次信息和统计分析的结果,比如线性回归,广义加性模型(generalised additive modelling),线性混合效应模型(linear mixed effects modelling)都可以在 Zuur 等人(2007,2009)的著作中找到。

该数据矩阵包含了 45 行(站点)和 88 列(75 个物种和 13 个解释变量)。你可以使用多元分析的方法来研究哪些物种是共生的,哪些站点的物种结构类似,哪些环境变量使得物种更加丰富等等。然而,在做这些事情之前,你可能希望能通过计算解释变量的多样性指数和关联指数这些简单的工作来作为研究的开始。

对于每一个站点,多样性指数意味着可以使用一个单独的值来辨别 75 个物种。完成这一点有很多的方法,Magurran(2004)的著作介绍了多种多样性指数。我们在这里不讨论哪种多样性指数更好,我们需要做的仅仅是发展一种以包含有缺失值的物种观察值矩阵和一个能告诉函数需要计算哪种多样性指数的变量作为输入的 R 函数。为了简单起见,我们仅设计三种指数的代码,有兴趣的读者可以拓展这个 R 函数,并且在里面添加任何你想计算的多样性指数代码。我们所使用的三种多样性指数是:

1. 每个站点的生物总量。
2. 物种丰富度,定义为每个站点不同物种的数量。
3. 香农指数。它描述了物种实际上的存在量,定义为

$$H_i = -\sum_i^m p_{ij} \times \log_{10} p_{ij}$$

p_{ij} 由如下式子计算　　　　　　　　　　　　　　　　　　P.118

$$p_{ij} = \frac{Y_{ij}}{\sum_{j=1}^n Y_{ij}}$$

p_{ij} 表示在站点 i 的生物 j 的比例,m(在第一个式子中)表示生物总数,n 也表示生物总数。

6.4.1　再做一次建筑师

像这一章前面的例子那样,我们从设计任务的大致步骤开始。

1. 载入数据,确定变量的类型,变量的名称,数据的维数等等。
2. 计算站点 1 的生物总量,然后是站点 2 的,使用尽可能通用的代码来使这一步实现自动化处理,当然也要使代码简洁有效。
3. 计算站点 1 不同物种的数量,然后是站点 2 的,使用尽可能通用的代码来使这一步实现自动化处理。
4. 应用同样的方法来处理香农指数。
5. 合并代码并用 if 指令来实现选择计算不同的指数,注意使用简洁的代码。
6. 将所有代码置入一个函数中,允许用户指定数据和多样性指数。函数需要实现返回实际的指数值并且显示选择了哪种多样性指数(使用字符串)。

接下来,我们将这些步骤转化为 R 可以完全处理的代码。

6.4.2　第 1 步:载入并评估数据

载入 RIKZ 数据,区分物种数据和环境数据,使用如下的 R 代码来确定这些数据的规模:

```
> Benthic <- read.table("C:/RBook/RIKZ.txt",
                header = TRUE)
> Species <- Benthic[ , 2:76]
> n <- dim(Species)
> n
[1] 45 75
```

P.119   数据框 Benthic 的第一列是标签,第 2～76 列是物种的数据,第 77～89[①]列为解释变量。物种的数据被提取并存放在数据框 Species 中,它的维数是 45 行和 75 列,这两个数据是由 dim 命令得到的,并将其存储在 n 中。为了节省空间,我们在这里不列出 names 和 str 命令的结果。这里所有的变量都是数值型的。

6.4.3 第 2 步:每个站点的生物总量

使用如下的命令来计算站点 1 的全部生物数量之和。

```
> sum(Species[1, ], na.rm = TRUE)
```

```
[1] 143
```

可以看到,这个数量为 143,同样可以计算站点 2 的生物数量:

```
> sum(Species[2, ], na.rm = TRUE)
```

```
[1] 52
```

为了避免将这个命令写 45 遍,我们构造一个循环来计算每个站点的生物数量。显然,我们需要把这些值存储起来,以下的命令可以实现这一点:

```
> TA <- vector(length = n[1])
> for (i in 1:n[1]){
    TA[i] <- sum(Species[i, ], na.rm = TRUE)
  }
```

这里 TA 是一个长度为 45 的向量,包含了每个站点全部生物数量之和:

```
> TA
```

```
 [1] 143   52    70 199 67 944 241 192 211 48 35
[12]   1   47    38  10  1  47  73   8  48  6 42
[23]  29    0    43  33 34  67  46   5   7  1  1
[34] 102  352     6  99 27  85   0  19  34 23  0
[45]  11
```

共有三个站点是完全没有生物的,而有一个站点的生物总量达到了 944。注意在构造循环之前必须首先将 TA 定义为一个长度为 45 的向量(见上述代码),否则 TA[i] 将会给出错误的信息。你还需要确定循环中的变量 *i* 必须在 1 和 45 之间,比如 TA[46] 就是没有定义的。我们在给向量定义的

P.120 时候没有使用 length = 45,而使用了 length = n[1],因为我们的任务是编写尽可能通用的代码。这里我们刻意地构造了一个循环,实际上,还有更

---

① 原文为 77～86,似有误。——译者注

简洁的命令来得到相同的结果，如下所示：

```
> TA <- rowSums(Species, na.rm = TRUE)
> TA

 [1] 143  52 70 199 67 944 241 192 211 48 35
[12]   1  47 38  10  1  47  73   8  48  6 42
[23]  29   0 43  33 34  67  46   5   7  1  1
[34] 102 352  6  99 27  85   0  19  34 23  0
[45]  11
```

rowSums 命令计算了每一行的和，注意它只使用了一行代码，当然也就使用了更少的计算时间（虽然对于这样的小数据集差别是很小的），所以它比循环更可取。

6.4.4 第 3 步：每个站点的丰富度

站点 1 的物种数量可以由下列命令给出：

```
> sum(Species[1, ] > 0, na.rm = TRUE)

[1] 11
```

可以看到，在站点 1 中有 11 个不同的物种，Species[1,]> 0 生成了一个长度为 75 的布尔向量，它的元素是 TRUE 和 FALSE。sum 函数将 TRUE 转化为 1，FALSE 转化为 0，然后对其进行相加。

对于站点 2，使用

```
> sum(Species[2, ] > 0, na.rm = TRUE)

[1] 10
```

为了计算每个站点的丰富度，我们像计算生物总量那样构造一个循环。首先定义一个长度是 45 的向量 Richness，然后从 1 到 45 分别执行这个循环，最终确定每一个站点的丰富度，并将其存储起来。

```
> Richness <- vector(length = n[1])
> for (i in 1:n[1]){
    Richness[i] <- sum(Species[i, ] > 0, na.rm = TRUE)    P.121
    }
> Richness

 [1] 11 10 13 11 10 8  9 8 19 17 6  1 4 3 3
[16]  1  3  3  1  4 3 22 6  0  6 5  4 1 6 4
[31]  2  1  1  3  4 3  5 7  5  0 7 11 3 0 2
```

　　另外一个简洁的方法就是使用 rowSums 命令,可以得到相同的结果:

```
> Richness <- rowSums(Species > 0, na.rm = TRUE)
> Richness
```

```
 [1] 11 10 13 11 10 8  9 8 19 17 6  1 4 3 3
[16]  1  3  3  1  4 3 22 6  0  6 5  4 1 6 4
[31]  2  1  1  3  4 3  5 7  5  0 7 11 3 0 2
```

6.4.5　第 4 步:每个站点的香农指数

　　计算香农指数,我们只需要三行简洁的 R 代码,它们中包含了这个指数的计算公式:

```
> RS <- rowSums(Species, na.rm = TRUE)
> prop <- Species / RS
> H <- -rowSums(prop * log10(prop), na.rm = TRUE)
> H
```

```
 [1] 0.76190639  0.72097224  0.84673524
 [4] 0.53083926  0.74413939  0.12513164
 [7] 0.40192006  0.29160667  1.01888185
[10] 0.99664096  0.59084434  0.00000000
```

<为了节省空间截至此处>

　　我们完全可以使用循环来代替上述代码。"diversity"函数还可以使这个计算变得更快,它存在于 R 的 vegan 程序包中,这个程序包不在基础安装中,要安装它可见第 1 章。一旦安装了这个程序包,我们就可以使用如下的代码:

```
> library(vegan)
> H <- diversity(Species)
> H
```

P.122
```
          1          2          3          4          5
  1.7543543  1.6600999  1.9496799  1.2223026  1.7134443
          6          7          8          9         10
  0.2881262  0.9254551  0.6714492  2.3460622  2.2948506
         11         12         13         14         15
  1.3604694  0.0000000  0.4511112  0.5939732  0.9433484
         16         17         18         19         20
  0.0000000  0.7730166  0.1975696  0.0000000  0.8627246
```

<为了节省空间截至此处>

注意到这两者的结果值是不一样的, diversity 的帮助文件显示其在计算中使用的是自然对数, 而我们使用的是底为 10 的对数。它还给出了如何在需要的时候对这种设置进行修改的说明。

由于 vegan 程序包必须安装在具有相应代码的用户电脑上, 这也就限制了它的使用。

6.4.6 第 5 步:结合代码

输入计算所有三种指数的代码, 用 if 指令实现对所需计算指数的选择。

```
> Choice <- "Richness"
> if (Choice == "Richness") {
    Index <- rowSums(Species >0, na.rm = TRUE)}
> if (Choice == "Total Abundance") {
    Index <- rowSums(Species, na.rm = TRUE) }
> if (Choice == "Shannon") {
    RS <- rowSums(Species, na.rm = TRUE)
    prop <- Species / RS
    Index <- -rowSums(prop*log10(prop), na.rm = TRUE)}
```

仅需将 Choice 的值改为"Total Abundance"或"Shannon", 就可以计算其它的指数了。

6.4.7 第 6 步:将代码置入函数中

此时, 我们所要做的就是将所有的代码置入一个函数中, 同时保证需要的指数被计算并将结果返回给用户。以下的代码可以实现这一点:

```
Index.function <- function(Spec, Choice1){
  if (Choice1 == "Richness") {
    Index <- rowSums(Spec > 0, na.rm = TRUE)}
  if (Choice1 == "Total Abundance") {
    Index <- rowSums(Spec, na.rm = TRUE) }
  if (Choice1 == "Shannon") {
    RS <- rowSums(Spec, na.rm = TRUE)
    prop <- Spec / RS
    Index <- -rowSums(prop * log10(prop),
                      na.rm = TRUE)}
  list(Index = Index, MyChoice = Choice1)
  }
```

P.123

if 指令保证了仅有一个指数被计算。对于小数据集, 你可以计算所有的指数, 但是对于较大的数据集, 并不建议这么做。在执行代码之前, 确保函数中没有函数外部已存在的变量是很明智的。如果万一有的话, 可以使用 rm 命令来移除它们（见第 1 章），或者退出，重新启动 R，对所有的输入变量重新命名，使得它们和所有的变量名没有重复。需要执行这个函数时，将其代码复制粘贴到控制台中，键入这样的命令：

```
> Index.function(Species, "Shannon")

$Index

 [1] 0.76190639 0.72097224 0.84673524 0.53083926
 [5] 0.74413939 0.12513164 0.40192006 0.29160667
 [9] 1.01888185 0.99664096 0.59084434 0.00000000
[13] 0.19591509 0.25795928 0.40969100 0.00000000
[17] 0.33571686 0.08580337 0.00000000 0.37467654
[21] 0.37677792 1.23972435 0.62665477 0.00000000
[25] 0.35252466 0.39057516 0.38359186 0.00000000
[29] 0.58227815 0.57855801 0.17811125 0.00000000
[33] 0.00000000 0.12082909 0.08488495 0.43924729
[37] 0.56065567 0.73993117 0.20525195 0.00000000
[41] 0.65737571 0.75199627 0.45767851 0.00000000
[45] 0.25447599

$MyChoice

[1] "Shannon"
```

　　注意到函数是根据最后一行的命令来返回信息的，此处是一个 list 命令。回忆第 2 章的内容，可以知道 list 命令可以结合不同维数的数据，此处是一个有 45 个值的变量和一个所选指数的名称。

P.124　　这个函数是完美的吗？答案是否定的，为了验证这一点，键入：

```
> Index.function(Species, "total abundance")
```

　　R 将会给出错误信息：

```
Error in Index.function(Species, "total abundance"):
  object "Index" not found
```

　　注意到我们在输入时出现了一个错误，没有大写"total abundance"的开头字母。前面的内容中，我们讨论了如何避免这种错误的发生。改进这个函数，使得当它检查完所有 if 指令后发现没有能够执行的命令时，给出警告信息。我们可以使用 if else 命令来实现这一点。

```
Index.function <- function(Spec,Choice1){
  if (Choice1 == "Richness") {
    Index <- rowSums(Spec > 0, na.rm = TRUE) } else
```

```
if (Choice1 == "Total Abundance") {
  Index <- rowSums(Spec, na.rm = TRUE) } else
if (Choice1 == "Shannon") {
  RS <- rowSums(Spec, na.rm = TRUE)
  prop <- Spec / RS
  Index <- -rowSums(prop*log(prop),na.rm=TRUE) } else {
    print("Check your choice")
    Index <- NA }
list(Index = Index, MyChoice = Choice1)}
```

R 首先检查第一个 if 命令,当它的值为 FALSE 时,检查第二个 if 指令,等等。如果变量 Choice1 和"Richness","Total Abundance"或者"Shannon"都不相等时,函数执行如下的命令,

```
print("Check your choice")
Index <- NA
```

你可以将 print 命令中的文本替换为任何合适的陈述。同样,也可以使用 stop 命令来中断 R 的运行,当函数属于一个较大计算程序的一部分时这样做是很有用的。例如,引导程序,具体可参考 stop, break, geterrmessage 或 warning 的帮助文件。这种特别的操作方法可以帮助你处理代码中出现的突发错误。

6.5 我们学习了哪些 R 函数?

表 6.1 列出了本章所介绍的 R 函数。 P.125

表 6.1 本章所介绍的 R 函数

函　数	功　能	示　例
jpeg	打开一个 jpg 文件	jpeg(file = "AnyName.jpg")
dev.off	关闭 jpg 文件	dev.off()
function	构造一个函数	z <- function(x,y){ }
paste	将变量连接为字符串	paste("a","b",sep = "")
if	条件指令	if (a) { x <- 1 }
ifelse	条件指令	ifelse (a,x <- 1,x <- 2)
if elseif	条件指令	if (a) { x <- 1 } elseif (b) { x <- 2 }

6.6 习题

习题 1. 使用循环对每个地点的温度数据绘图。

在 6.2 节,我们绘制了每个鸟巢的猫头鹰数据中同胞协商行为对到达时间的散点图,并将它们存为 jpg 文件。对温度数据,具体见习题 4.1,进行同样的处理。*temperature.xls* 文件包含了在荷兰海岸线上 31 个地点(电子数据表中表示为站点)采集的温度数据,对于每个站点绘制温度数据对时间的图,并将其存为 jpg 文件。

习题 2. 对猫头鹰数据使用 ifelse 命令。

猫头鹰数据是连续两个晚上采集的,假如你从一个鸟巢中选取数据,观察值将涵盖两晚上的数据,这两晚上的喂食情况是不一样的(食物充足或者食物欠缺)。选取一个鸟巢及其食物情况的所有观察值,使用 ifelse 和 paste 函数生成一个定义了这个鸟巢一个单独夜晚的观察值的新分类变量,来提取这些观察值。试着再次运行习题 1 的代码,绘制一个此鸟巢一个夜晚的观察值中同胞协商对到达时间的图像。

习题 3. 对海底生物数据集使用 function 和 if 命令。

这个习题中我们给出 6.4 节所提到的函数:多样性指数的计算的具体执行步骤。阅读 6.4 节关于多样性指数的说明,载入海底生物的数据,并提取 2～76 列,它们就是生物的数据。

计算站点 1 的生物总量,计算站点 2 的生物总量,计算站点 3 的生物总量,计算站点 4,5 的生物总量。寻找一个可以一步就完成这个工作的函数(每行的和),也可以使用循环这种笨拙的办法,但是就很不简洁了。

计算站点 1 的不同物种数量(物种丰富度),计算站点 2 的物种丰富度,同样计算站点 3,4 和 5 的。寻找一个可以一步就完成这个工作的函数。

编写计算所有多样性指数的函数代码,确保用户可以选择所要计算的指数,同时确保这个代码可以处理缺失值。

如果你很优秀的话,再计算一下香农指数。并使用这个函数处理一下前面的植物数据。

第7章

图形工具

第5章介绍了plot函数。我们介绍了基本的散点图,修改绘图特性, P.127
添加 x 轴和 y 轴标签以及主标题。本章我们介绍更多的图形工具。但是
它们并非都是我们感兴趣的。例如,我们从来没有使用过饼图或者条形
图。但是这些图形应该在许多科学家可供挑选的最后名单里,所以我们发
现有必要在本书中包括它们。在7.1节和7.2节里讨论它们。检测离群值
的工具——盒形图和克里夫兰点图——分别在7.3节和7.4节介绍。我们
在图中采用均值加上线的方式来表示标准误。7.5节进一步讨论散点图。
多面板散点图在7.6节和7.7节讨论,在单个窗口显示多幅图形的高级工
具在7.8节给出。

7.1 饼图

7.1.1 禽流感数据的饼图

我们示范3.7节习题1的禽流感数据的饼图。回忆那些数据表示世界
卫生组织(WHO)报告的已证实的人类感染禽流感病例的数目。这是从
WHO网站 www.who.int 上摘取的几个国家的数据并复制过来仅仅为了
教学的目的。我们把 Excel 文件 *BidFlu.xls* 里的数据输出到制表符分割
的名称为 *Birdflucases.txt* 的 ascii 文件。下列代码输入数据并显示常用
的信息。

```
> setwd("C:/RBook/")
> BFCases <- read.table(file = "Birdflucases.txt",
                         header = TRUE)
> names(BFCases)
 [1] "Year"        "Azerbaijan"  "Bangladesh"
 [4] "Cambodia"    "China"       "Djibouti"
 [7] "Egypt"       "Indonesia."  "Iraq"
[10] "LaoPDR"      "Myanmar"     "Nigeria"
[13] "Pakistan"    "Thailand"    "Turkey"
[16] "VietNam"

> str(BFCases)

'data.frame': 6 obs. of 16 variables:
$Year       : int 2003 2004 2005 2006 2007 2008
$Azerbaijan : int 0 0 0 8 0 0
$Bangladesh : int 0 0 0 0 0 1
$Cambodia   : int 0 0 4 2 1 0
$China      : int 1 0 8 13 5 3
$Djibouti   : int 0 0 0 1 0 0
$Egypt      : int 0 0 0 18 25 7
$Indonesia. : int 0 0 20 55 42 18
$Iraq       : int 0 0 0 3 0 0
$LaoPDR     : int 0 0 0 0 2 0
$Myanmar    : int 0 0 0 0 1 0
$Nigeria    : int 0 0 0 0 1 0
$Pakistan   : int 0 0 0 0 3 0
$Thailand   : int 0 17 5 3 0 0
$Turkey     : int 0 0 0 12 0 0
$VietNam    : int 3 29 61 0 8 5
```

P.128

我们有 2003—2008 每年的数据。第一个变量包括年份。我们可以从这个数据集里了解很多信息。一个有趣的问题是禽流感的数量是否随着时间增长。我们可以对单个国家或者所有的数据描述这个问题。后者可以通过如下计算

```
> Cases <- rowSums(BFCases[, 2:16])
> names(Cases) <- BFCases[, 1]
> Cases

2003 2004 2005 2006 2007 2008
   4   46   98  115   88   34
```

BFCases 的 2～16 列包括各个国家的信息。rowSums 函数计算每年的和,names 函数给变量 Cases 加上 2003—2008 年的标签。(请注意 2008 年的 34 个病例容易使人误解,因为这写了 2008 年的一半。如果这是一个正

确的统计分析,那么 2008 年的数据将被舍弃。)R 中实现饼图的函数是
pie。它有多个选项,其中的一些如图 7.1 所示。pie 函数要求输入的是一
个非负的数值型向量;更多是可选的,比如处理标签、颜色等。

P.129

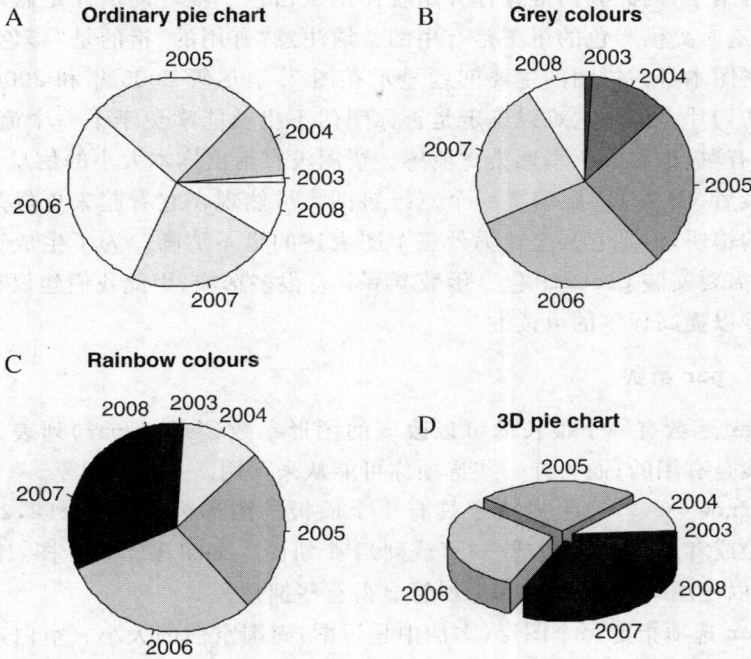

图 7.1　**A**:标准饼图(Ordinary pie chart)。**B**:灰色饼图(Grey colours)。**C**:具有
　　　　彩虹色彩的饼图(Rainbow colours,在印刷过程转换成了灰色)。**D**:三
　　　　维饼图(3D pie chart)

图 7.1 由以下的 R 代码生成。

```
> par(mfrow = c(2, 2), mar = c(3, 3, 2, 1))
> pie(Cases, main = "Ordinary pie chart")              #A
> pie(Cases, col = gray(seq(0.4, 1.0, length = 6)),
      clockwise = TRUE, main = "Grey colours")         #B
> pie(Cases, col = rainbow(6), clockwise = TRUE,
      main = "Rainbow colours")                        #C
> library(plotrix)
> pie3D(Cases, labels = names(Cases), explode = 0.1,
      main = "3D pie chart", labelcex = 0.6)           #D
```

　　下节讨论 par 函数的用法。变量 Cases 的长度为 6 并且包括每年的总
数。命令 pie(Cases)生成的饼图如图 7.1A 所示。请注意切片方向是逆时
针的,这可能比较难以使用,因为我们的变量是与时间有关的。在第二个

饼图(图 7.1B)里我们用选项 clockwise = TRUE 翻转了方向。我们也改变了颜色,但是,因为这本书不是彩色印刷,请你自己动手:输入代码并观察

面板 A－C 里饼图的颜色。因为你的大部分工作可能使用灰白色的论文或者报告结束,因此我们推荐你开始就使用灰白色。唯一的例外是做幻灯片放映,这时提供彩色的饼图是有用的。请注意"有用的"指的是"彩色的"而不是饼图本身。饼图的主要问题显示在图 7.1:尽管 2005 年和 2006 年有最大的切片。但是它难以确定是否你闭门不出就能幸免于下一个流感,或者"只有"极少数人不幸感染禽流感。饼图没有给出样本大小的信息。

　　最后,图 7.1D 展示了一个三维饼图。虽然现在它看起来更像是一个真正的馅饼,但是它甚至比另外三个图表述的更不清晰。为了生成这个图形,你需要安装 plotrix 包。函数 pie3D 有很多选项,因此我们建议查阅帮助文件以提高标签的可读性。

7.1.2   par 函数

　　par 函数有一个很长的可以改变的图形参数(参见? par)列表。有一些选项是有用的;而另外一些选项你可能从来不用。

　　mfrow = c(2,2)生成一个具有 4 个面板的图形窗口。把 c(2,2)改成 c(1,4)或者 c(4,1)会生成一行(或列)4 个饼图。如果多于 4 个图,比如 12 个,可以使用 mfrow = c(3,4),尽管显得有些拥挤。

　　mar 选项指定每个图形(本例中是饼图)周围空白的大小。空白定义为四侧边缘的线的数目,底部、左侧、顶部、右侧。各自的缺省值分别是 c(5, 4,4,2) + 0.1。增加这些值将会出现更多空白。通过不断的试验,我们选择 c(3,3,2,1)。

　　如果我们执行上述 4 个饼图的代码,随后,再生成另外一个图形,那么 par 函数将会出现一个问题。R 仍然处在 2×2 的模式,将会覆盖图 7.1A,而其它三个图形如原来一样。下一个图形将覆盖面板 B,如此下去。有两种方法可以避免这样。第一种简单的方法是在 R 生成新的图形前关闭具有 4 个面板的图形。这只需要鼠标的单击。另一种比较复杂的方法是通过编程:

```
> op <- par(mfrow = c(2, 2), mar = c(3, 3, 2, 1))
> pie(Cases, main = "Ordinary pie chart")
> pie(Cases, col = gray(seq(0.4, 1.0, length = 6)),
      clockwise = TRUE, main = "Grey colours")
> pie(Cases, col = rainbow(6), clockwise = TRUE,
      main = "Rainbow colours")
```

```
> pie3D(Cases, labels = names(Cases), explode = 0.1,       P.131
    main = "3D pie chart", labelcex = 0.6)
> par(op)
```

图形参数的设置保存在第一行的变量 op 里。图形的生成如前所示，最后一行代码返回缺省设置。在命令 par(op) 后将生成任意的新图形，和函数 par 没有使用过一样。它是整洁的编程，但需要更多的输入。人们往往由于懒惰而选择第一种方法。然而，为了良好的编程实践，我们建议作出额外的努力。你也能在帮助文件里看到这种编程风格。

练习使用 pie 函数完成 7.10 节的习题 1。

7.2 条形图和带形图

我们给出两个条形图的例子，另外一种类型的图形不是我们工具箱的一部分。在第一个例子中，我们继续使用禽流感数据并给出一个条形图显示禽流感病例总数和每年的死亡数。在第二个例子中，使用一个海底生物数据集，以每个海滩的平均值绘制条形图。最后一节，我们给出一个带形图可以形象化地看到类似的信息。

7.2.1 使用禽流感数据绘制条形图

在上一节中，使用禽流感数据集绘制了显示每年病例总数的饼图。除了禽流感病例，死亡人数在制表分隔符的 ascii 文件 *Birdfludeaths.txt* 也是可用的。用以下命令载入数据：

```
> BFDeaths <- read.table(file = "Birdfludeaths.txt",
                         header = TRUE)
> Deaths <- rowSums(BFDeaths[, 2:16])
> names(Deaths) <- BFDeaths[, 1]
> Deaths

2003 2004 2005 2006 2007 2008
   4   32   43   79   59   26
```

这些数据的结构和禽流感病例相同。我们可以看到病例数目随时间 P.132
变化，并且可以比较病例的死亡数目。

使用变量 Cases（参见 7.1 节计算 Cases 的代码）的数据给出图 7.2A 的条形图可以看到病例数目随时间的变化。回忆 Cases 是带有标签 2003—2008 的 6 个值。每年的数据做一个竖直的条形。这个图形比饼图更有用，因为我们可以从 y 轴读到实际的值。然而，仅这 6 个值却需要浪费大量的墨水和空间。

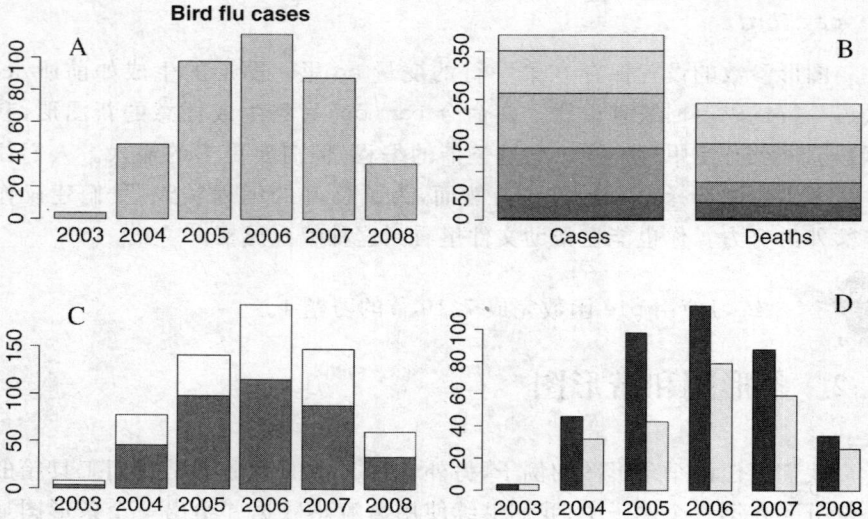

图 7.2   **A**：标准条形图展示了每年的禽流感病例（Bird flu cases）数目。**B**：堆积条形
图展示了累积每年的病例（Cases）和死亡（Deaths）的总数（请注意 2003 年的
值很难看出）。**C**：每年的累积病例（灰色）和死亡（白色）数。**D**：邻接的条形
图代表每年的病例和死亡数目

下面代码的开始两行用来生成面板 A 的条形图。剩余的代码对应于
面板 B - D：

```
> par(mfrow = c(2, 2), mar = c(3, 3, 2, 1))
> barplot(Cases , main = "Bird flu cases")          #A
> Counts <- cbind(Cases, Deaths)
> barplot(Counts)                                    #B
> barplot(t(Counts), col = gray(c(0.5, 1)))          #C
> barplot(t(Counts), beside = TRUE)                  #D
```

P.133   在面板 B - D 中，我们组合了病例和死亡数据；它们称为 Counts 并且
是 6×2 维的：

```
> Counts
        Cases    Deaths
2003      4        4
2004     46       32
2005     98       43
2006    115       79
2007     88       59
2008     34       26
```

在面板 B 中条形图代表每年的数据。该图没有给出有用的信息。此外，小数量的年代（比如 2003）几乎是看不见的。为了生成面板 C，我们使用函数 t 得到 Counts 的转置，使函数 barplot 的输入是 2×6 维的矩阵。

```
> t(Counts)
         2003 2004 2005 2006 2007 2008
Cases       4   46   98  115   88   34
Deaths      4   32   43   79   59   26
```

尽管你在文献中见过很多此类图形，但它们很容易误导。如果你比较彼此的白色盒子，你的眼睛比较倾向于沿着 y 轴的值，但是这些会受到灰色盒子的影响。如果你的目的是表明每年病例数都超过死亡数，该图可能足够了（比较组成部分）。所有的条形图中，面板 D 可能是最好的。它比较每年的病例数和死亡数，并且，因为每年只有两个种类，它也可以比较所有年份的病例和死亡数。

7.2.2 显示均值和标准差的条形图

在 Zuur 等人（2007）的著作第 27 章中，主要的样本来自于荷兰海岸线 9 个海滩的 45 个站点。通过所有样本可以识别超过 75 个海底生物物种。在第 6 章，我们应用一个函数计算了物种丰富度，不同物种的数目。文件 *RIKZ2.txt* 包含 45 个站点的丰富度的值，其中有一列确定不同的海滩。

下列 R 代码载入数据并计算每个海滩的平均丰富度和标准差。tapply 函数已经在第 4 章[①]讨论过。

P.134

```
> setwd("C:/RBook/")
> Benthic <- read.table(file = "RIKZ2.txt",
                        header = TRUE)
> Bent.M <- tapply(Benthic$Richness,
                INDEX = Benthic$Beach, FUN = mean)
> Bent.sd <- tapply(Benthic$Richness,
                INDEX = Benthic$Beach, FUN = sd)
> MSD <- cbind(Bent.M, Bent.sd)
```

变量 Bent.M 包含了 9 个海滩中每一个海滩平均丰富度的值，Bent.sd 包含标准差的值，我们通过 cbind 命令把它们组合在矩阵 MSD 里。它们的值如下：

```
> MSD

  Bent.M Bent.sd
1   11.0 1.224745
2   12.2 5.357238
```

---

① 请注意我们省略了文本 INDEX = 和 FUN= 。

```
3        3.4 1.816590
4        2.4 1.341641
5        7.4 8.532292
6        4.0 1.870829
7        2.2 1.303840
8        4.0 2.645751
9        4.6 4.393177
```

使用下面的过程可以生成均值作为条形图并且标准差作为条形图（图7.3A）上延伸的垂直线的图形。为了使图形显示均值，输入

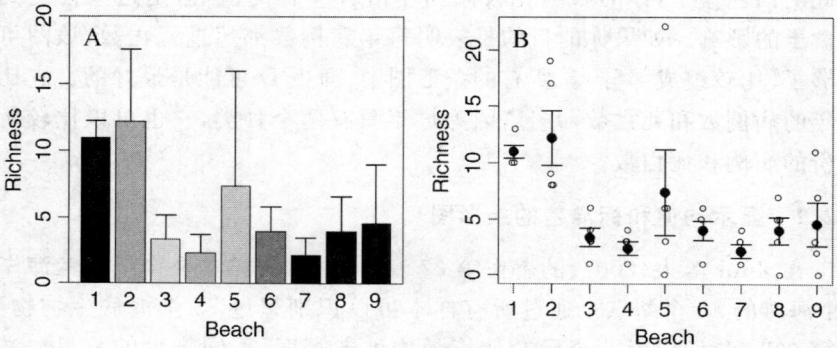

图 7.3   **A**：展示海底数据的条形图。条形代表均值垂直线表示标准差。在印刷过程中彩色被转换成了灰白色。**B**：原始数据的带形图。实心点表示每个海滩的均值，线代表均值＋/－标准误

P.135   > barplot(Bent.M)

添加标签和一些可能感兴趣的色彩：

```
> barplot(Bent.M, xlab = "Beach", ylim = c(0, 20),
          ylab = "Richness", col = rainbow(9))
```

表示标准差的垂直线通过函数 arrows 被加到图形上，该函数在坐标为 (x_1, y_1) 和 (x_2, y_2) 的两点间画一个箭头。告诉 R 在点 (x, y_1) 和 (x, y_2) 画一个箭头，因为两点具有相同的 x 值，将会产生一个垂直箭头。y_1 的值是均值，y_2 的值是均值加上标准差。x 是条形图中点的坐标值。下列代码得到这些值并生成图 7.3A。

```
> bp <- barplot(Bent.M, xlab = "Beach", ylim = c(0,20),
                ylab = "Richness", col = rainbow(9))
> arrows(bp, Bent.M, bp, Bent.M + Bent.sd, lwd = 1.5,
         angle = 90, length = 0.1)
> box()
```

bp <- barplot(Bent.M,...)帮助我们解决了问题。了解它具体做了什么最好的方法是输入：

```
> bp

        [,1]
 [1,]  0.7
 [2,]  1.9
 [3,]  3.1
 [4,]  4.3
 [5,]  5.5
 [6,]  6.7
 [7,]  7.9
 [8,]  9.1
 [9,]  10.3
```

它们是沿 x 轴的每个条形图的中点，被用来作为 arrows 函数的输入。选项 angle = 90 和 length = 0.1 把箭头的顶端转变成垂直直线。lwd 表示线的宽度缺省值是 1。box 函数围绕图形画一个盒子。不要这条命令运行代码看一下会发生什么。

7.2.3　海底数据的带形图

在上一节中使用了海底生物数据集，条形图表示每个海滩的平均物种丰富度的值，图中的线表示标准差。Zar(1999)的 7.4 节讨论了何时显示标准差、标准误或者二倍标准误（假设是一个大样本）。生成原始数据的均值，和均值附近的标准差或者标准误的图形是比较容易的。图 7.3B 给出了一个例子。我们使用 stripchart 函数代替了 plot 函数。空心点表示原始数据。我们加入随机抖动（方差）区分相同的观察值，否则它们将会重合。实心点表示每个海滩的均值，它们已经在上一节计算出来。我们显示了标准误，它是由标准差除以样本容量（每个海滩有五个观察值）的平方根得到。在 R 里，可以通过如下得到：

P.136

```
> Benth.le <- tapply(Benthic$Richness,
              INDEX = Benthic$Beach, FUN = length)
> Bent.se <- Bent.sd / sqrt(Benth.le)
```

现在变量 Bent.se 包含标准误。在图形上加一条线表示标准误可以使用 arrow 函数；该箭头从均值绘制到均值加上标准误，同时也从均值绘制到均值减去标准误。代码如下。

```
> stripchart(Benthic$Richness ~ Benthic$Beach,
      vert = TRUE, pch = 1, method = "jitter",
      jit = 0.05, xlab = "Beach", ylab = "Richness")
> points(1:9, Bent.M, pch = 16, cex = 1.5)
> arrows(1:9, Bent.M,
         1:9, Bent.M + Bent.se, lwd = 1.5,
         angle = 90, length = 0.1)
> arrows(1:9, Bent.M,
         1:9, Bent.M - Bent.se, lwd = 1.5,
         angle = 90, length = 0.1)
```

stripchart 函数的选项的含义不言自明。改变它们看一下会发生什么。points 函数在均值上加一些点。你也可以使用 plot 函数代替 stripchart 函数,但是它没有 method = "jitter"选项。你可以使用 jitter (Benthic $ Richness)代替。Dalgaard(2002)的 6.1.3 节给出了类似的 R 代码。

练习 7.10 节的习题 2。这是一个利用植被数据练习 barchart 和 stripchart 函数的习题。

7.3 盒形图

7.3.1 显示猫头鹰数据的盒形图

P.137   盒形图应该是你最经常使用的工具,特别是当你使用连续型数值响应(因)变量和分类解释(自)变量时。其目的有三:探测离群值,显示不同成分的分布和解释变量的影响。正确使用这个图形工具,以及克里夫兰点图(它的完整讲解在 7.4 节),可以给数据分析提供一个好的开始。

在第 6 章我们使用了猫头鹰数据集。Roulin 和 Bersier(2007)观察了雏鸟对父亲和母亲到来的反应。通过在鸟巢内放置麦克风和在鸟巢外录像,他们选取了 27 个鸟巢样本,研究当父母带来食物时它们请求行为的声音。抽样的时间是两个晚上的 21：30 到 05：30 之间。一半鸟巢食物缺乏而另一半鸟巢食物充足(第二天晚上这种情形进行了颠倒)。变量 ArrivalTime 表示一个父母带着食物到达栖息地的时间。"雏鸟协商行为"表示每个鸟巢的平均呼叫次数。

主要问题之一是是否存在一个喂养协议的影响和父母性别的影响。这种分析需要混合效应模型技术,Zuur 等人(2009)的著作有完整的描述。在进行任何复杂的统计分析之前,生成盒形图是有帮助的。使用 boxplot 函数很容易生成雏鸟协商行为数据的盒形图见第 1 章。在第 6 章里,对猫头鹰数据我们给出了 names 和 str 函数的结果,这里不再重复。

```
> setwd("C:/RBook/")
> Owls <- read.table(file = "Owls.txt", header = TRUE)
> boxplot(Owls$NegPerChick)
```

结果图形如图 7.4 所示。盒形图解释的一个简短描述在图形标签里。这里有 5 个潜在的离群值,说明需要进行进一步的研究。

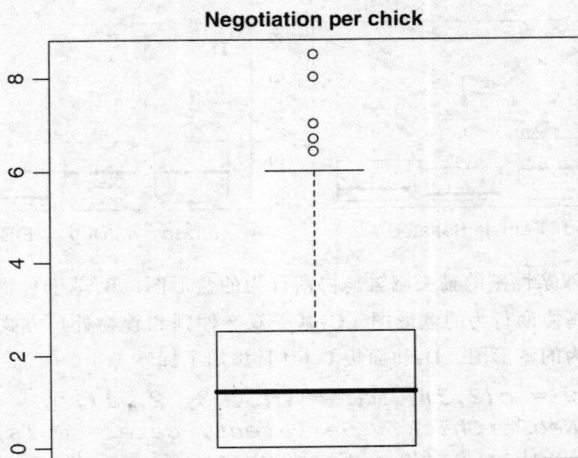

图 7.4 猫头鹰雏鸟协商行为的盒形图。粗的水平线是中位值;盒形图通过第 25 和 75 百分点(上下四分位点)定义。两者之间的差称为分散度。点线有 1.5 倍分散度的长度。(如果点的值小于第 75 个百分点+1.5×分散度,则向上的点线的长度会变短,向下的点线与之类似。这也解释了盒形图的底部为什么没有线。)所有落在这个范围外部的点称为潜在离群值。见 Zuur 等人(2007)的著作第 4 章讨论这样的点是否是实际的离群值。请注意本例中第 25 个百分点也是最小值(有很多值为零)

图 7.5 说明双亲的性别(面板 A),食物处理方式(面板 B)以及双亲的性别和食物处理方式的交互作用(面板 C 和 D)可能产生影响。因为变量名较长,它们没有在面板 C 里完整地显示。我们使用 names 选项对面板 C 加标签重新生成盒形图,如面板 D 所示。结果显示可能存在食物处理方式的影响。交互作用不明显,它可以通过正式的统计分析得到证实。生成图 7.4 的 R 代码如下。面板 C 和 D 通过结构 SexParent * FoodTreatment 生成。代码的含义是不言自明的。

P.138

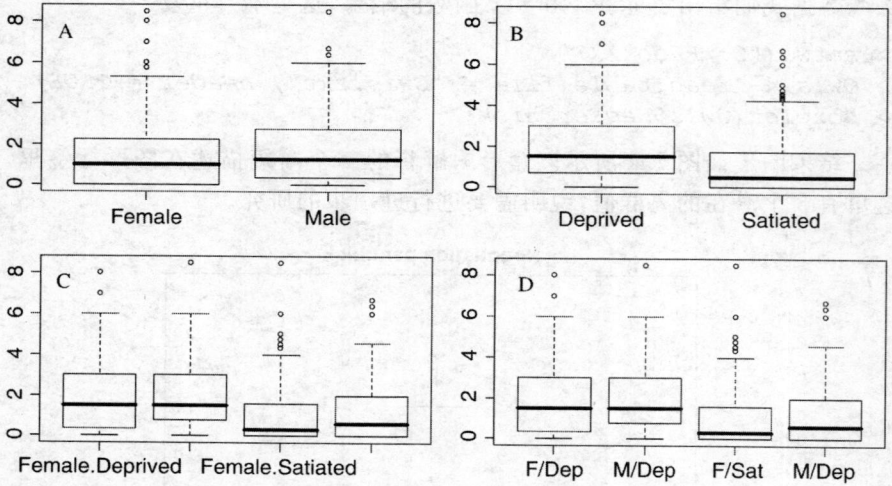

图 7.5 **A**：基于双亲性别的猫头鹰雏鸟协商行为的盒形图。**B**：基于食物处理方式的猫头鹰雏鸟协商行为的盒形图。**C**：基于双亲性别和食物处理方式的猫头鹰雏鸟协商行为的盒形图。**D**：和面板 C 相同，添加了标签

P.139

```
> par(mfrow = c(2,2), mar = c(3, 3, 2, 1))
> boxplot(NegPerChick ~ SexParent, data = Owls)
> boxplot(NegPerChick ~ FoodTreatment, data = Owls)
> boxplot(NegPerChick ~ SexParent * FoodTreatment,
        data = Owls)
> boxplot(NegPerChick ~ SexParent * FoodTreatment,
        names = c("F/Dep", "M/Dep", "F/Sat", "M/Sat"),
        data = Owls)
```

有时在一个图形上得到所有标签需要更多创意。例如，图 7.6 展示了基于鸟巢的雏鸟协商行为的一个盒形图。这里有 27 个具有较长名字的鸟巢。如果我们键入：

```
> boxplot(NegPerChick ~ Nest, data = Owls)
```

只有一些标签显示。解决的方法是生成不带水平轴线的盒形图，并把标签改成小字体，以适当的角度放在盒形图下面。这个方法听起来有些复杂，但是只需要三行 R 代码。

```
> par(mar = c(2, 2, 3, 3))
> boxplot(NegPerChick ~ Nest, data = Owls,
        axes = FALSE, ylim = c (-3, 8.5))
> axis(2, at = c(0, 2, 4, 6, 8))
> text(x = 1:27, y = -2, labels = levels(Owls$Nest),
        cex = 0.75, srt = 65)
```

因为我们使用选项 axes = FALSE，boxplot 函数画出的盒形图没有轴

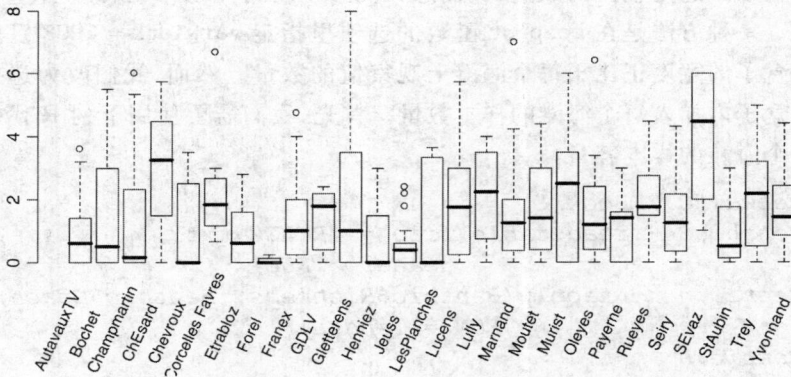

图 7.6 基于 27 个鸟巢的猫头鹰雏鸟协商行为的盒形图。盒形图的形状显示可
能有鸟巢的影响,建议利用混合效应模型做进一步分析

线。ylim 指定垂直轴的下限和上限。我们使用−3 到 8.5 代替 0 到 8.5。 P.140
这样允许我们把标签放在图形的下部(图 7.6)。

axis 函数画一个轴。因为我们键入 2 作为第一个参数,所以绘出了左
边的垂直轴,at 参数具体指定刻度记号在哪里。text 命令把所有标签放置
在适当的坐标处。cex 参数指定字体大小(默认值是 1)并且 srt 定义角度。
你需要试验这些值以选择最适合的设置。

7.3.2 显示海底数据的盒形图

回忆海底生物数据集,在 9 个海滩测量了物种丰富度。现在我们对每
个海滩生成一个盒形图(图 7.7)。请注意每个海滩只有 5 个观察值。因为

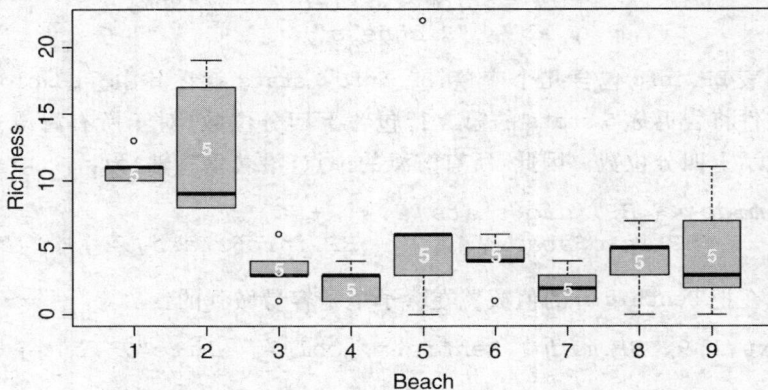

图 7.7 在海滩作为条件变量的情形下使用特种丰富度作为因变量的条件盒
形图。在每个盒子里显示了每个海滩的观察值数量

对于盒形图这是较少的数量,我们想在图形上对每个海滩的样本容量增加信息。一种方法是在 boxplot 函数的选项里指定 varwidth = TRUE 以使得每个盒子的宽度正比于每个海滩上观察值的数量。然而,我们改为选择在每个盒子内加入每个海滩的样本数量。首先,我们需要使用下列 R 代码获得每个海滩的样本容量。

```
> setwd("C:/RBook/")
> Benthic <- read.table(file = "RIKZ2.txt",
                        header= TRUE)
> Bentic.n <- tapply(Benthic$Richness, Benthic$Beach,
                     FUN = length)
> Bentic.n

1 2 3 4 5 6 7 8 9
5 5 5 5 5 5 5 5 5
```

P.141   tapply 函数计算每个海滩的观察值数量,5,并把它们存储在变量 Benthic.n 内。盒形图由以下命令生成

```
> boxplot(Richness ~ Beach, data = Benthic,
      col = "grey", xlab = "Beach", ylab = "Richness")
```

这里没有新的代码。问题是在盒子里放置变量 Benthic.n 的值时,最好在中心(没有必要在中位值处)。回忆这个盒子是由上下四分位数确定。把分散度值的一半(上四分位数减去下四分位数)加到下四分位数的值上将找到盒子的垂直中心点。幸运的是,所有的这些值可以通过 boxplot 函数进行计算并存储在一个列表中。

```
> BP.info <- boxplot(Richness ~ Beach, data = Benthic,
                    col = "grey", xlab = "Beach",
                    ylab = "Richness")
```

列表 BP.info 包含几个变量,BP.info $ stats 就在其中。boxplot 的帮助文件将告诉你 $ stats 的第二行包含下四分位数(对于所有海滩),第四行显示上四分位数。因此,所有海滩的中点(沿着垂直轴)为:

```
> BP.midp <- BP.info$stats[2, ] +
        (BP.info$stats[4, ] - BP.info$stats[2,]) / 2
```

现在把 Benthic.n 的值放置在盒子里是容易做到的:

```
> text(1:9, BP.midp, Bentic.n, col = "white", font = 2)
```

使用这个结构我们可以把任何文本放置在盒子里。对于长的字符串,你可能需要把文本旋转 90 度。

boxplot 函数是非常灵活的,它有很多属性可以改变。可以参看

boxplot 和 bxp 帮助文件里的例子。

练习 7.10 节的习题 3 和 4。它们是使用植被数据和寄生虫数据集练习 boxplot 函数的习题。

7.4 克里夫兰点图

点图,也称为克里夫兰点图,是检测离群值的优秀工具。见 Cleveland (1993),Jacoby(2006),或 Zuur 等人(2007,2009)著作的例子。

P.142

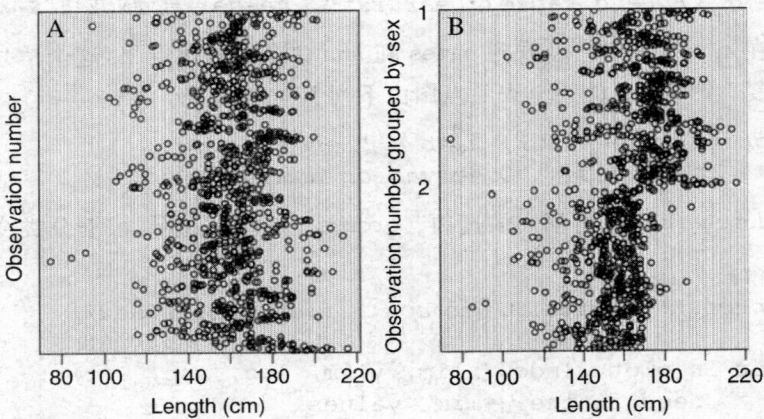

图 7.8 **A**:显示鹿长度的克里夫兰点图。x 轴显示长度值(Length),y 轴显示观察数量(Observation number,从 ascii 文件载入)。第一个观察值在 y 轴的底部。**B**:与面板 A 相同,但是观察值根据性别分组。可能在长度和性别之间存在相关关系

图 7.8 是包含鹿数据集(Vicente et al.,2006)的两个点图,该数据集曾在 4.4 节使用过。回忆该数据来自于多个农场、月份、年份和性别。其中的一个研究目的是评估鹿内 *E. cervi* 寄生虫与动物身长的关系。在做任何分析之前,我们应该检查数据集里的每个连续变量是否为离群值。这可以通过盒形图或克里夫兰点图得到。图 7.8A 给出了动物身长的克里夫兰点图。大多数动物身长大约在 150 厘米,但是有三个动物相对较小(大约 80 厘米)。因此,用身长作为平滑项应用广义加性模型可以得到身长梯度的底端有较大的置信带。

你可以基于分类变量通过观察值的分组扩展克里夫兰点图。这由图 7.8B 完成。这里身长的值由性别分组。请注意一种性别类型明显较大。

研究的目标是建立寄生虫(*E. cervi*)数量作为身长、性别、年份和农场的函数的模型,以确定哪个解释(自)变量是关键因素。然而,如果这些变量之间相关的很难说明哪个变量是重要的。这种情况被称为共线性。这种情况下,身长对性别的可视化是有用的,并且可以使用以性别为条件的身长的盒形图或者克里夫兰点图(图 7.8B)。

　　该图形使用 R 函数 dotchart 生成。包 Hmisc(它不是底层包的一部分)里的函数 dotchart2 可以给出更为复杂的显示。我们把讨论限制为dotchart。数据可以由下列两行代码载入。

P.143
```
> setwd("C:/RBook/")
> Deer <- read.table("Deer.txt", header = TRUE)
```

　　在 4.4 节我们已经看到 names 和 str 命令的输出结果,这个信息就不再重复。图 7.8A 的克里夫兰点图由下列 R 代码生成。

```
> dotchart(Deer$LCT, xlab = "Length (cm)",
            ylab = "Observation number")
```

　　dotchart 函数有不同的选项。groups 选项允许数据根据分类变量分组。

```
> dotchart(Deer$LCT, groups = factor(Deer$Sex))
```

```
Error in plot.window(xlim, ylim, log, asp, ...) :
      need finite 'ylim' values
```

　　变量 Sex 有缺失值(在 R 控制台输入 Deer $ Sex 查看),所以 dotchart 函数停止并给出一条出错信息。缺失值可以容易地通过下列命令移除。

```
> Isna <- is.na(Deer$Sex)
> dotchart(Deer$LCT[!Isna],
            groups = factor(Deer$Sex[!Isna]),
          xlab = "Length (cm)",
          ylab = "Observation number grouped by sex")
```

　　is.na 函数生成一个和 Sex 具有相同长度的向量,它的值是 TRUE 和FALSE。符号! 把它的值做一个颠倒,并且只有 Sex 的值不缺失的被绘制出。请注意我们用了和第 3 章相似的代码。如果你想在一幅图里有两个克里夫兰点图,在第一个 dotchart 前输入 par(mfrow = c(1,2))。

7.4.1　在克里夫兰点图上添加均值

　　当样本容量较小时,克里夫兰点图可以很好地替代盒形图。图 7.9A 展示了本章前面使用的海底数据的克里夫兰点图。回忆每个海滩有 5 个观察值。右边图形显示了同样的信息并加上了每个海滩的均值。这个图形清楚地显示至少有一个"可疑的"观察值。基础的代码在后面给出。前三行载入数据，并且把 Beach 定义为因子。带有两个面板的图形窗口由 par 函数生成。第一个 dotchart 命令与鹿数据类似。对于第二个 dotchart 命令，我们加入了 gdata 和 gpch 选项。

P.144

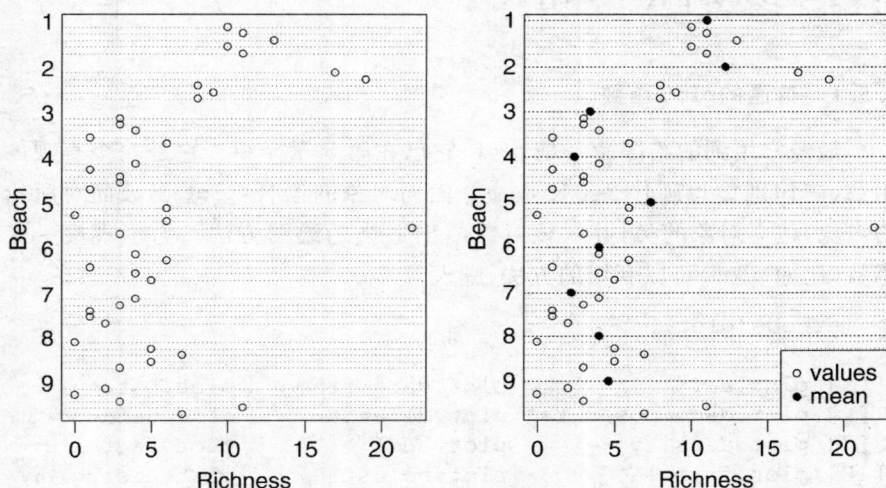

图 7.9 海底数据的克里夫兰点图。**A**：垂直轴显示的是抽样站点，基于海滩（Beach）分组，水平轴表示丰富度（Richness）的值。**B**：与 A 相同，加上每个海滩的均值

g 代表分组，gdata 属性用来覆盖一个摘要统计量比如中位值，或者，如我们这里用 tapply 函数计算的均值。最后，legend 函数用来添加一个图例。我们将在本章的后续部分更详细地讨论 legend 函数。

```
> setwd("C:/RBook/")
> Benthic <- read.table(file = "RIKZ2.txt",
                        header = TRUE)
> Benthic$fBeach <- factor(Benthic$Beach)
> par(mfrow = c(1, 2))
> dotchart(Benthic$Richness, groups = Benthic$fBeach,
          xlab = "Richness", ylab = "Beach")
> Bent.M<-tapply(Benthic$Richness, Benthic$Beach,
          FUN = mean)
> dotchart(Benthic$Richness, groups = Benthic$fBeach,
          gdata = Bent.M, gpch = 19, xlab = "Richness",
          ylab = "Beach")
> legend("bottomright", c("values", "mean"),
          pch = c(1, 19), bg = "white")
```

练习 7.10 节的习题 5 和 6 使用猫头鹰数据和寄生虫数据生成克里夫兰点图。

7.5 重新访问plot 函数

7.5.1 普通的plot 函数

P.145 最经常用到的绘图命令是 plot,它已在第 5 章介绍。它是一个直观的函数,能识别你想画什么。R 是一个面向对象的语言:plot 函数面对所给的对象,建立对象的类,并对该对象给出适当的绘图方法。为了观察一个函数(比如 plot)可以利用的方法,键入

```
> methods(plot)
```

```
 [1] plot.acf*          plot.data.frame*   plot.Date*
 [4] plot.decomposed.ts* plot.default      plot.dendrogram*
 [7] plot.density        plot.ecdf         plot.factor*
[10] plot.formula*      plot.hclust*      plot.histogram*
[13] plot.HoltWinters*  plot.isoreg*      plot.lm
[16] plot.medpolish*    plot.mlm          plot.POSIXct*
[19] plot.POSIXlt*      plot.ppr*         plot.prcomp*
[22] plot.princomp*     plot.profile.nls* plot.spec
[25] plot.spec.coherency plot.spec.phase  plot.stepfun
[28] plot.stl*          plot.table*       plot.ts
[31] plot.tskernel*     plot.TukeyHSD
    Non-visible functions are asterisked
```

它们是存在的绘图函数,并且只是默认包里可利用的函数。所有的这些函数可以通过 plot 函数访问。例如,如果你想做一个主成分分析(principal component analysis,PCA)并想打印结果,是不需要使用 plot. princomp 的,因为 plot 函数会识别你进行的一个主成分分析的行为,并调用适当的绘图函数。下面的代码是另外一个例子。

```
> setwd("C:/RBook/")
> Benthic <- read.table(file = "RIKZ2.txt",
                        header = TRUE)
> Benthic$fBeach <- factor(Benthic$Beach)
> plot(Benthic$Richness ~ Benthic$fBeach)
```

前三行载入本章前面使用的海底数据集并定义变量 Beach 为因子。plot 函数理解公式 Benthic $ Richness ~ Benthic $ fBeach 的含义,生成了盒形图而不是散点图(参见 plot.factor 的帮助文件)。如果 plot 函数

的参数是一个数据框,它将生成多组图(见 7.6 节)。

7.5.2 plot 函数的更多选项

在第 5 章,我们讨论了使用 plot 函数绘制两个连续变量相互关系的图 P.146
形并给出了如何改变特性和颜色。但是这里有很多额外的选项,其中的一
些我们在这节剩余部分给出。我们使用海底数据再次示范生成两个连续
变量的散点图(图 7.10A)。图形通过以下代码得到。

```
> plot(y = Benthic$Richness, x = Benthic$NAP,
    xlab = "Mean high tide (m)",
    ylab = "Species richness", main = "Benthic data")
> M0 <- lm(Richness ~ NAP, data = Benthic)
> abline(M0)
```

新增加的是 lm 和 abline 函数。这里不过多地讨论统计细节,lm 利用
线性回归建立物种丰富度作为平均涨潮水平的函数的模型,结果存储在列
表 M0 里,abline 函数添加拟合线。请注意这在只有单个解释变量(否则,
绘制二维图形的结果比较困难)时才工作,并且 abline 函数在 plot 函数后
才执行。

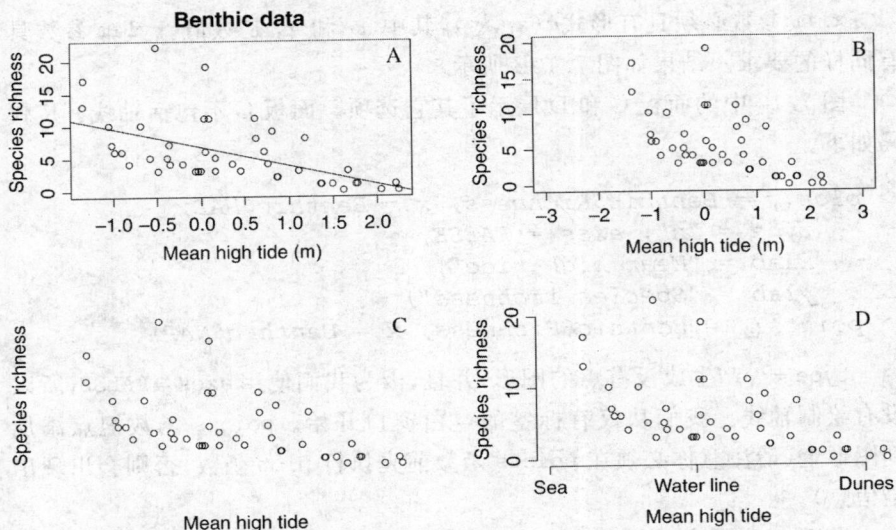

图 7.10　**A**:物种丰富度与 NAP(平均涨潮水平)同时加上一条线性回归直线的散点
图。**B**:与面板 A 相同,使用 xlim 和 ylim 函数设置了 x 轴和 y 轴的取值范
围。**C**:与面板 A 相同,但是没有坐标轴线。**D**:与面板 A 相同,修改了 y 轴
的坐标轴刻度和 x 轴的特征字符串。请注意站点是高潮线与低潮线之间的
区域,所以平均涨潮水平是负值

P.147 通过额外的参数,plot 函数可以容易地扩展为在图形上添加更多的细节。下表给出了一些最经常用的参数。

参　数	它是做什么的?
main	在图形上添加一个标题
xlab,ylab	在 x 轴和 y 轴增加标签
xlim,ylim	设置轴的上下限
log	Log＝"x",log＝"y",log＝"xy"生成对数轴
type	Type ＝ "p","l","b","o","h","s","n"用于绘图点,线,由线连接的点,线连接并覆盖点,从点到坐标轴的垂直线,阶梯线,只有坐标轴

前面我们示范过 xlab 和 ylab 的属性。xlim 和 ylim 指定 x 轴和 y 轴的范围。假设你希望设置水平轴的范围从 −3 到 3 米,垂直轴的范围从 0 到 20 种。使用

```
> plot(y = Benthic$Richness, x = Benthic$NAP,
    xlab = "Mean high tide (m)",
    ylab = "Species richness",
    xlim = c(-3, 3), ylim = c(0,20))
```

xlim 参数必须具有形式c(x_1,x_2),其中 x_1 和 x_2 是数值。ylim 参数具有同样的要求。结果如图 7.10B 所示。

图 7.10 中的面板 C 和 D 展示了其它选项。面板 C 不包括轴线。R 代码如下。

```
> plot(y = Benthic$Richness, x = Benthic$NAP,
    type = "n", axes = FALSE,
    xlab = "Mean high tide",
    ylab = "Species richness")
> points(y = Benthic$Richness, x = Benthic$NAP)
```

type ＝"n"生成没有点的图形,并且,因为我们使用 axes ＝ FALSE,所以没有绘制轴线。我们从仅有标签的空白窗口开始。points 函数把点添加到图形上(请注意你必须在 points 函数前先执行 plot 函数,否则会出现出错信息)。

在面板 C,我们主要告诉 R 准备一个图形窗口,但是没有绘制任何东西。我们可以继续按步骤生成面板 D 中的图形。axis 函数是这个过程的开始。它允许指定位置、方向和坐标轴刻度大小以及文本标签。

P.148

```
> plot(y = Benthic$Richness, x = Benthic$NAP,
    type = "n", axes = FALSE, xlab = "Mean high tide",
    ylab = "Species richness",
    xlim = c(-1.75,2), ylim = c(0,20))
> points(y = Benthic$Richness, x = Benthic$NAP)
> axis(2, at = c(0, 10, 20), tcl = 1)
> axis(1, at = c(-1.75, 0,2),
        labels = c("Sea", "Water line", "Dunes"))
```

前两行的代码与面板 C 的相同。axis(2,...)命令画垂直轴线并在 0，10 和 20 处插入刻度长度为 1(缺省值是 -0.5)。设置 tcl 为 0 消去刻度。向外的刻度点通过一个负的 tcl 值获得；正的值绘制向内的刻度点。axis(1,...)命令绘制水平轴，并且，在值 -1.75,0 和 2 处添加特征字符串海洋，水线和沙丘。见 axis 帮助文件以获得更多图形设备。

练习 7.10 节的习题 7。这是一个使用猫头鹰数据练习 plot 和 axis 函数的习题。

7.5.3 增加额外的点、文本和线

本节讲述用来提高图形视觉吸引力的特征。可能的修饰有不同类型的线和点、栅格、图例、轴变换和更多其它的特征。参考 par 帮助文件，通过键入? par 获得，可以看到很多能添加或者更改的特征。关于 par 选项我们可以写一本完整的书，其中的一些我们已经在第 5 章或者本章前面的部分讲过。更多的将在第 8 章讨论。然而，即使初学者也希望早点学习 par 函数的一些信息。因为我们不想这个容量成为电话簿大小，我们以鸟瞰的方式概述地讨论 par 和绘图选项的一部分，并尝试把你引导到相应的帮助文件。

函数 points,text 和 lines 经常在 R 里一起出现并在前面的一些章节使用过。

函数 points 在一个图形上添加新值，比如 x 值和(可选的)y 值。缺省情况下，函数绘制点，所以正如 plot 中，type 设置为"p"。然而，所有其它的类型可以使用："l"是线，"o"是连接并覆盖点的线，"b"是点和线，"s"和"S"是阶梯线，"h"是垂直线。最后，"n"生成没有点和线的图形设备(见 7.5.2 节)。符号可以通过使用 pch 改变(见第 5 章)。

函数 text 和 points 类似，它使用 x 和(可选)y 的坐标但加上一个在图形指定位置的包含标签字符串的标签向量。它包括能很好地调整字符串在图形上的位置的额外工具。例如，属性 pos 和 offset。pos 属性表示位置在指定坐标点下、左、上、右方(分别为 1,2,3,4)，offset 使标签偏移指定

P.149

坐标的量与一个字符宽度成一定比例。这两个选项与长的特征字符串有关因为它们不能在 R 的缺省设置里正确的显示。

我们已经在第 5 章学习了 lines 函数。它是一个接受坐标并连接相应的点成为线的函数。

7.5.4　使用type = "n"

利用 plot 函数时,它可以包括属性 type = "n"以绘制除数据以外的所有事情。图形是为数据建立的,包括坐标轴以及它们的标签。为了去除这些,添加 axes = FALSE,xlab = "",ylab = ""。那么就会什么都不显示。然而,事实并非如此,因为这个图形保留 plot 函数在第一部分输入的数据。现在用户可以完全控制构建图形。你需要坐标线吗? 如果是,你希望它们在哪里,希望它们看起来像什么? 你希望这些数据显示为点还是线呢? 所有的都包含在绘图的缺省设置里,并且更多的,可以改变并添加到你的图形里。下面是一些可以利用的不同的变化:

命　令	描　述
abline	添加一个 a,b(截距,斜率)线,主要是回归,但也有垂直和水平线
arrows	添加一个箭头并修改顶端类型
Axis	在图形上添加一个坐标轴的一般函数
axis	添加坐标轴线
box	添加不同类型的盒子
contour	生成等高线图,或者在已有图形上添加等高线
curve	根据相应的函数或者表达式绘制一个曲线
grid	给一个图形添加栅格
legend	给一个图形添加图例
lines	添加线
mtext	在图形空白处或者绘图设备空白处插入文本
points	添加点,但是可以包含 type 命令
polygon	利用 x 和 y 定义的顶点绘制多边形
rect	绘制长方形
rug	对图形的两个坐标轴之一添加一维数据表示
Segments	添加线片段
text	在图内添加文本
title	添加标题

7.5.5 图例

第一次遇见图例函数时会感觉有些困难,但是容易掌握。在图 7.9 的 P.150
克里夫兰点图里加上图例的代码是

```
> legend("bottomright", c("values", "mean"),
      pch = c(1, 19), bg ="white")
```

第一个属性包括 x 和 y 坐标,或者如这里显示的一个表达式。其它可利用的表达式是"bottom","bottomleft","left","topleft","top","topright","right"和"center"。更多的选项可以参考 legend 的帮助文件。

Zuur 等人(2009)使用了一个鸟类数据集,Loyn(1987)最初分析了该数据集继而 Quinn 和 Keough(2002)做了分析。森林鸟密度是在澳大利亚的维多利亚州东南部的 56 个森林带测量的。研究的目的是观察鸟密度与 6 个栖息地变量之间的关系:(1)森林带的大小,(2)与最近森林带的距离,(3)与最近大森林带的距离,(4)森林带的平均高度,(5)被空旷地隔离的年份,(6)一个放牧历史指数(1=轻度,5=重度)。Zuur 等人(2009)的附录 A 给出了用线性回归方法对这些数据的详细分析。最优线性回归模型包括 LOGAREA 和 GRAZE(分类)。为了形象地看这个模型是做什么的,我们绘制拟合值。这里有 5 个放牧水平,因此,线性回归(见下面的 summary 命令)给出了鸟类丰富度与每个放牧水平里 LOGAREA 的方程。这些都是通过

Observations with GRAZE = 1: $ABUND_i = 15.7 + 7.2 \times LOGAREA_i$
Observations with GRAZE = 2: $ABUND_i = 16.1 + 7.2 \times LOGAREA_i$
Observations with GRAZE = 3: $ABUND_i = 15.5 + 7.2 \times LOGAREA_i$
Observations with GRAZE = 4: $ABUND_i = 14.1 + 7.2 \times LOGAREA_i$
Observations with GRAZE = 5: $ABUND_i = 3.8 + 7.2 \times LOGAREA_i$

熟悉线性回归的读者能了解这个线性回归模型在分类变量的水平下截距是正确的。下面,我们(i)绘制 ABUNDANCE 与 LOGAREA 数据,(ii)计算 5 个放牧带的拟合值,(iii)添加 5 条线,并(iv)添加一个图例。结果图形如图 7.11 所示。下面一步一步说明它是如何生成的。

首先,读入数据,应用对数变换,并使用绘图函数。我们以前使用过类似的 R 代码:

```
> setwd("C:/RBook/")
> Birds <- read.table(file = "loyn.txt", header = TRUE)
> Birds$LOGAREA <- log10(Birds$AREA)
```

P.151
```
> plot(x = Birds$LOGAREA, y = Birds$ABUND,
       xlab = "Log transformed AREA",
       ylab = "Bird abundance")
```

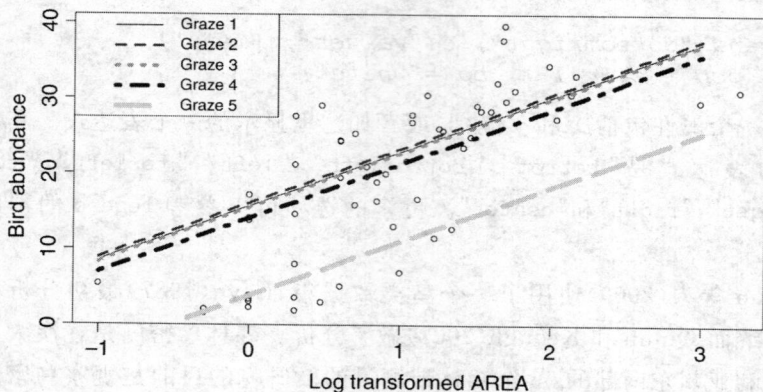

图 7.11　Loyn 的鸟类数据的 5 条拟合线。每条线针对一个具体的放牧带

为了观察 5 个斜率和截距的来源，使用代码：

```
> M0 <- lm(ABUND~ LOGAREA + fGRAZE, data = Birds)
> summary(M0)
```

如果你不熟悉线性回归，不需要花费时间努力了解这些。summary 的输出包括必需的信息。为了预测每个放牧水平合适的鸟类丰富度，我们需要 LOGAREA 的值。最简单的方法是观察图 7.11 并选择几个在观察数据范围之间的任意值，比如−1,0,1,2 和 3。

```
> LAR <- seq(from = -1, to = 3, by = 1)
> LAR
```

```
[1] -1 0 1 2 3
```

现在我们用简单的微积分决定每个放牧水平的丰富度的值，R 代码为：

```
> ABUND1 <- 15.7 + 7.2 * LAR
> ABUND2 <- 16.1 + 7.2 * LAR
> ABUND3 <- 15.5 + 7.2 * LAR
> ABUND4 <- 14.1 + 7.2 * LAR
> ABUND5 <- 3.8 + 7.2 * LAR
```

P.152
把拟合值作为线添加到图形上也是我们熟悉的领域（见第 5 章）。我们没有一个混乱的问题，因为 AREA 数据已经从−1 到 3 进行了排序。

```
> lines(LAR, ABUND1, lty = 1, lwd = 1, col =1)
> lines(LAR, ABUND2, lty = 2, lwd = 2, col =2)
> lines(LAR, ABUND3, lty = 3, lwd = 3, col =3)
> lines(LAR, ABUND4, lty = 4, lwd = 4, col =4)
> lines(LAR, ABUND5, lty = 5, lwd = 5, col =5)
```

我们根据视觉兴趣添加了不同的线型、宽度和颜色。最后，添加了图例；见下面的 R 代码。首先我们定义一个含有 5 个值的字符串 legend.txt，它包含我们想作为图例的文本。然后 legend 函数把图例放在左上角位置，第一个放牧水平的线在图例中用黑色（col = 1），实心（lty = 1）以及正常的线宽度（lwd = 1）。第 5 个放牧水平的线在图例中用浅蓝色（col = 5），具有形式——（lty = 5）并且是粗的（lwd = 5）。

```
> legend.txt <- c("Graze 1", "Graze 2",
                  "Graze 3", "Graze 4", "Graze 5")
> legend("topleft", legend = legend.txt,
       col = c(1, 2, 3, 4, 5),
       lty = c(1, 2, 3, 4, 5),
       lwd = c(1, 2, 3, 4, 5),
       bty = "o", cex = 0.8)
```

属性 cex 指定图例中文本的大小，bty 添加围绕图例的盒子。

练习 7.10 节的习题 8。在这个练习里，对雄性和雌性猫头鹰数据使用平滑线并叠加到图形上。legend 函数用来识别它们。

7.5.6 识别点

函数 identify 用来识别（和绘制）图形上的点。它可以通过给定图形上 x,y 的坐标完成或简单地输入图形目标（一般的定义或包括坐标）。这里是一个例子：

P.153

```
> plot(y = Benthic$Richness, x = Benthic$NAP,
    xlab = "Mean high tide (m)",
    ylab = "Species richness", main = "Benthic data")
> identify(y = Benthic$Richness, x = Benthic$NAP)
```

在 identify 函数的属性标签里，可以包括一个给定点标签的特征向量。为了指定位置和相对于指定点标签的移动量；把你的鼠标放在点附近并左击；R 将在点附近绘制标签数目。按下"Esc"键取消这个过程。也可以使用 identify 函数得到某个点的样本数；参见它的帮助文件。请注意 identify 函数只对 plot 函数生成的图形起作用，不对盒形图、点图、条形图、饼图或者其它的图形起作用。

7.5.7　改变字体和字体大小 *

本节比较深入,可以在第一次阅读时跳过。字体和字体大小在 R 里有些特殊。当你打开一个绘图设备你可以使用属性 pointsize,它将使用默认点的大小绘制文本。默认字体映射提供的是四个独立于设备的字体系列名称为:"sans"表示 sansserif 字体,"serif"表示 serif 字体,"mono"表示 monospace 字体,"symbol"表示 symbol 字体,输入 windowsFonts()可以查看目前已经安装的字体类型。

Font 定义字型。它是由整数指定文本使用哪个字型。如果可能,设备驱动程序可以组织,使得 1 对应纯文本,2 对应粗体,3 对应斜体,4 对应粗斜体。为了修改默认字体,我们经常在画图时忽略我们想修改的默认字体部分并分别对它进行编码,包括字体大小、字型和字体类型的选项。例如,在图 7.11 里添加一个 serif 字体的标题,使用

```
> title("Bird abundance", cex.main = 2,
        family = "serif", font.main = 1)
```

这将绘制"鸟类丰富度"为标题并且是默认字体大小的二倍,具有常用字型的 serif 字体风格。对于 title 这里有字体大小和字型的专门选项,cex.main 和 font.main。有时你可能需要使用 par 指定字体类型。你也可以对 text,mtext,axis,xlab 和 ylab 改变字体和大小。对于具体的改变字体的信息请参考 par 的帮助文件。

7.5.8　添加特殊符号

你可能经常需要在图例或者标签里包含特殊符号。这在 R 里是不困难的,尽管它可能需要你在几个帮助文件里寻找你真正想要什么。最经常用的函数是 expression。你可以通过键入 demo(plotmath)得到初步的印象。

P.154　　　这里有一个简短的例子。Mendes 等(2007)测量了苏格兰的 11 头搁浅的抹香鲸牙齿生长层的氮同位素成分。图 7.12 给出了一个昵称叫 Moby 的鲸的氮同位素比例与年龄的散点图。图上的 y 标签包含表达式 $\delta^{15}N$。可以尝试把不带 y 标签的图形输入到 Word 里并在投到一个期刊前添加 $\delta^{15}N$,但是它可以容易地在 R 里使用代码实现:

```
> setwd("C:/RBook/")
> Whales <- read.table(file="TeethNitrogen.txt",
                       header = TRUE)
> N.Moby <- Whales$X15N[Whales$Tooth == "Moby"]
> Age.Moby <- Whales$Age[Whales$Tooth == "Moby"]
> plot(x = Age.Moby, y = N.Moby, xlab = "Age",
    ylab = expression(paste(delta^{15}, "N")))
```

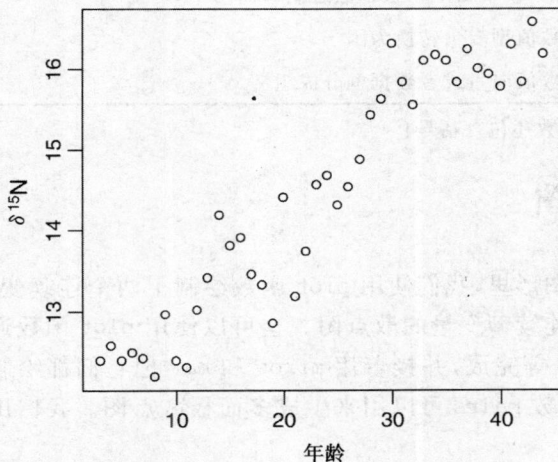

图 7.12 氮同位素比例与年龄的散点图，测量的是一个昵称叫
Moby 鲸的牙齿生长层。请注意 y 坐标

paste 命令使 δ^{15} 和 N 结合，并且 expression 函数插入 δ^{15}N。

7.5.9 其它有用的函数

这里有其它的一些函数，在做图时可能会派上用场。参考属性的帮助文件，也许或者一定能提供帮助。

P.155

函　数[a]	描　述
plot.new	打开一个新的图形框，与 frame() 相同
win.graph	打开额外的第二个图形窗口，你可以设置屏幕的宽度和高度
windows	与 win.graph 类似但是有更多选项
saveplot	把当前图形存为("wmf","emf","png","jpeg","jpg","bmp","ps","eps",或"pdf")
locator	单击左键记录光标的位置；单击右键停止

续表

函　数ª	描　述
range	返回一个包含所有参数最小值和最大值的向量,对设置 x 和 y 的界限有用
matplot	绘制一个矩阵的列对应另一个矩阵的列的图形;对于多个 Y 列和单个 X 特别有用。也可以见 matlines 和 matpoints 分别为了增加线和点
persp	在 x—y 平面上用透视法绘制表面图
cut	把数值型变量转换为因子
split	把数值向量或者数据框分成组

ª不要忘记这些函数还包含括号!

7.6　多组图

在前面的图形里,我们使用 plot 函数绘制了两个连续变量的散点图;下面示范多个连续型变量的散点图。这可以使用 plot 函数通过绘制 1 对 2,1 对 3,1 对 4 等完成,并接着用 mfrow 和 mar 把它们都绘制在单个图形里。然而,R 函数 pairs 可以用来生成多面板散点图。我们用海底数据做一示例:

```
> setwd("C:/RBook/")
> Benthic <- read.table(file = "RIKZ2.txt",
                         header = TRUE)
> pairs(Benthic[, 2:9])
```

前两行载入数据,pairs 函数应用数据框 Benthic 的所有变量,除了包含标签的第一列。结果图形如图 7.13 所示①。

我们已经把物种丰富度作为第一个变量。因此,图形的第一行包含所有变量对应于丰富度的图形。剩余的图形显示的是所有变量对应于其它的其中一个变量的图形。从统计的观点来看,我们想建立丰富度作为其它所有变量的函数的模型,因此第一行(或者列)的关系是很清楚的,然而其它面板(共线性)都根本不能很好地显示清楚的模式。多组图显示了一些变量之间清楚的联系,例如,物种丰富度与 NAP 之间,谷物大小与排序(这是生物意义上的,因为排序指的是能量的度量)之间。

P.156

① 使用命令 plot(Benthic[,2:9])可以给出相同的图形,因为 Benthic 是一个数据框,plot 函数识别它并调用函数 plot.data.frame。

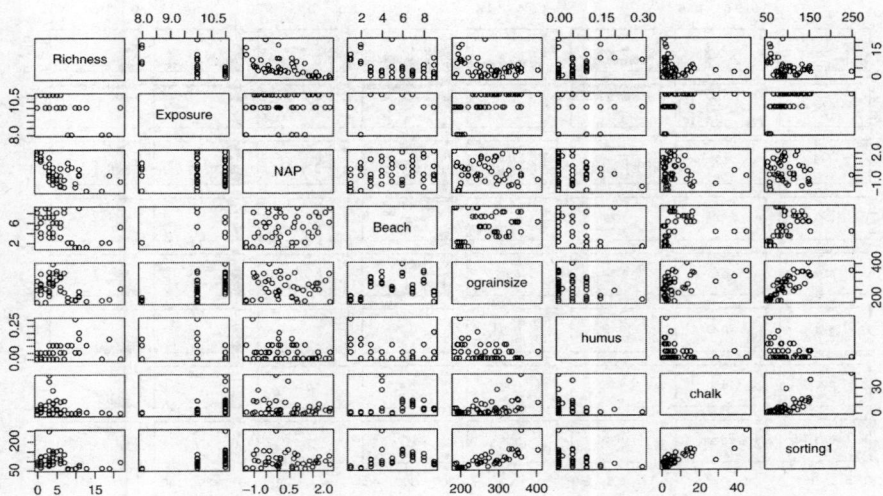

图 7.13 海底数据变量的散点图阵列。对角线显示的是变量的名称,它表示对角线
上方或者下方面板的 x 轴的变量名称,同时还表示对角线左方或者右方面
板的 y 轴的变量名称

7.6.1 面板函数

多组图里一半信息的显示是多余的,因为每幅图都出现两次,一次出
现在对角线上方一次出现在对角线下方,但是坐标轴是颠倒的。指定面板
函数应用到所有的面板,或者对角线上或下的面板是可行的(图 7.14)。R
的这些代码可以在 pairs 帮助文件的底部找到,帮助文件可以通过在 R 控
制台窗口键入? pairs 得到。

```
> pairs(Benthic[, 2:9], diag.panel = panel.hist,
       upper.panel = panel.smooth,
       lower.panel = panel.cor)
Error in pairs.default(Benthic[, 2:9], diag.panel =
panel.hist, upper.panel = panel.smooth,: object
"panel.cor" not found
```

这里的问题是 R 不能识别 panel.cor 和 panel.hist 函数。这些具体
的 pairs 帮助文件底部的代码片段必须复制并粘贴到 R 控制台。复制全
部的函数并重新运行上面的 pairs 命令。对于具体的建议,见本书的在线
R 代码,可以在 www.highstat.com 找到。panel.cor 和 panel.hist 代码
比较复杂超出了本书的范围,所以这里不再叙述。可以简单地复制并粘贴
它。

P.157

如果你对在多组图里使用皮尔逊相关系数感兴趣,见 http://www.

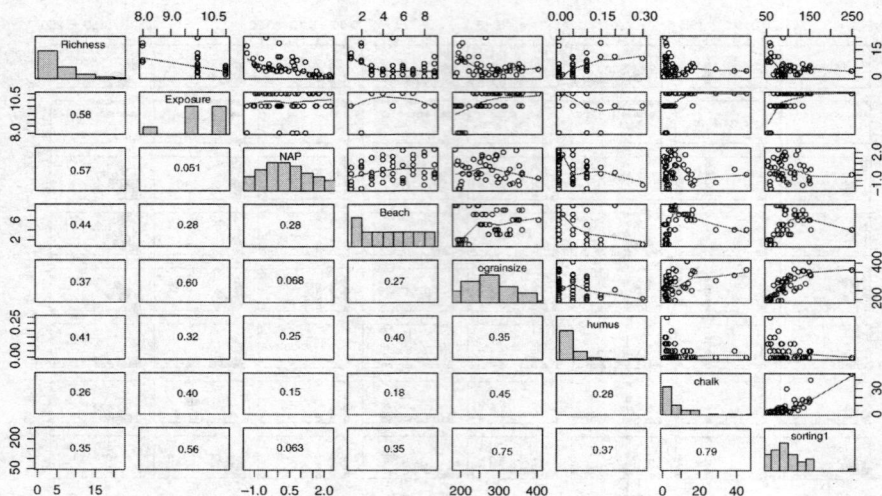

图 7.14   扩展的多组图在对角线使用的是直方图,对角线上方是带有平滑线的散点
         图,对角线下方是尺寸与相关关系成正比的皮尔逊相关系数。代码来自于
         pairs 帮助文件

statmethods. net/graphs/scatterplot. html。这里提供了一个例子,并连接
到一个包和一个函数,它们用基于皮尔逊相关系数的值给整个区域着色。

练习 7.10 节的习题 9。在这个习题里,pairs 函数被用于植被
数据。

7.7   协同图

7.7.1   单个条件变量的协同图

pairs 函数只能显示双向关系。我们下面讨论的绘图工具能说明三向
甚至四向关系。这种类型的图形称为条件图或 coplot,特别适合于观察当
给定其它预测变量时,反应变量如何根据一个预测变量变化。图 7.15 是
使用 RIKZ 数据中海滩变量、NAP 和丰富度的图形。这九个图形代表海滩
一到九,它们列在顶部并显示在单独的面板里,称为依赖面板。从最底部
一行开始并按照从左到右的顺序,第一行描述海滩一到三,第二行四到六,
最顶部一行是海滩七到九。如你所见,也给出了海滩号码,尽管没有很好
地排列。生成图 7.15 的 R 代码如下。

P.158

```
> setwd("C:/RBook/")
> Benthic <- read.table(file = "RIKZ2.txt",
                        header = TRUE)
> coplot(Richness ~ NAP | as.factor(Beach), pch=19, '
        data = Benthic)
```

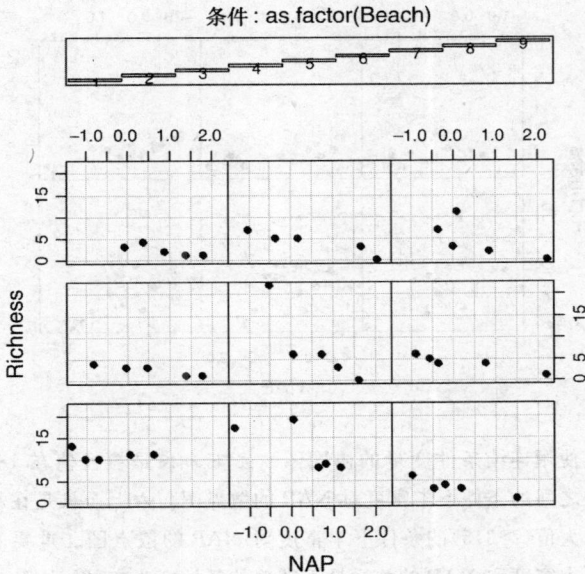

条件 : as.factor(Beach)

图 7.15　海底数据的 coplot。*左下面板是对于海滩 1 绘制的丰富度对于*
NAP 的散点图,右下面板是海滩 3,左中是海滩 4,右上是海滩 9

函数 coplot 与函数 plot 使用的符号不同。被绘制的变量放在用波浪
线～作为分隔符的公式符号里,分隔符两端分别是因变量和自变量。与你
使用的 plot 函数相反,那里第一个变量假定为 x 变量第二个变量为 y 变
量,公式符号里经常使用 $y \sim x$。上面的代码指示 R 绘制物种丰富度(R)对
NAP 的图形。附加的| as.factor(Beach)生成面板并说明将把海滩变量
作为条件生成图形,海滩是首次强制成为因子。data 属性表示在命令中把
Benthic 数据框作为变量在公式中使用。

我们可以使用连续型变量,比如粒径代替分类变量作为条件变量。下 P.159
列代码生成图 7.16,对于不同的粒径值绘制丰富度对 NAP 的散点图。

```
> coplot(Richness ~ NAP | grainsize, pch=19,
        data = Benthic)
```

该粒径值被分为点的数目近似相等的六个重叠的组。如果丰富度和

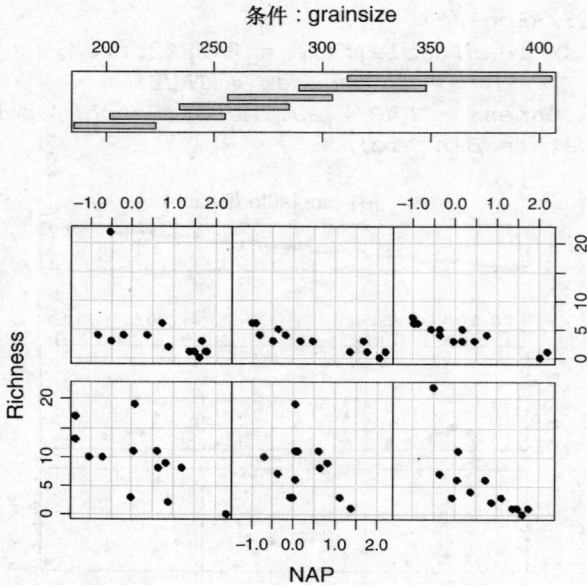

图 7.16　使用连续条件变量的协同图。左下面板是粒径值在 185 到 220
　　　　　之间的条件下丰富度对 NAP 的散点图。右上面板是在粒径取较
　　　　　大值（＞315）的条件下丰富度对 NAP 的散点图。重要的问题是
　　　　　丰富度和 NAP 的关系是否随着粒径梯度改变，提示 NAP 与粒径
　　　　　之间有交互作用

NAP 的关系随着粒径梯度改变，NAP 和粒径之间存在的交互作用会给出
一个形象的暗示，它可能需要包含这个交互作用项，比如，在线性回归模型
里。

　　coplot 函数包含许多可以用来生成令人兴奋的图形的参数。见它的
帮助文件，可以通过? coplot 获得。最有用的是 panel，它在每个面板上显
示函数的执行结果。缺省状态下 coplot 使用 points 函数，但是我们可以
容易地生成我们自己的函数并把它应用到每个面板。例如，我们可能希望
在图 7.15 的每个面板里加上一条回归线（图 7.17）。如果所有的直线是平
行的，那么没有明显的证据说明海滩和 NAP 之间有交互作用（也就是说，
丰富度～NAP 的关系在整个海岸线上是一样的）。在这个例子中，线是不
同的。这里是生成图 7.17 的代码：

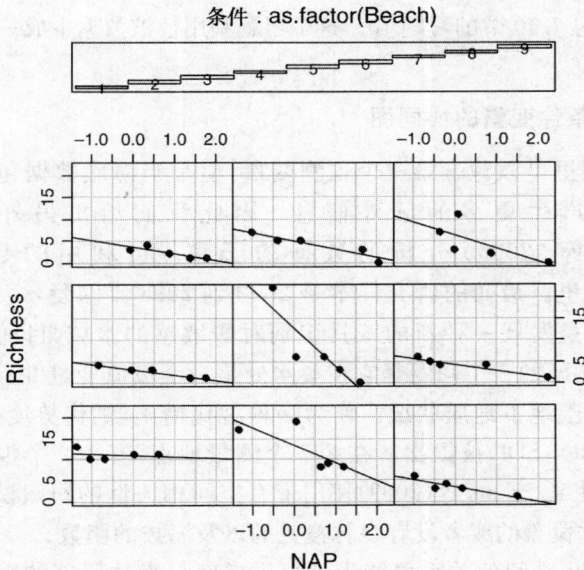

图 7.17 RIKZ 数据中物种丰富度与 NAP 的协同图，其
中九个海滩中的每一个对应于一个单独的面板

```
> panel.lm = function(x, y, ...) {
    tmp <- lm(y ~ x, na.action = na.omit)
    abline(tmp)
    points(x, y, ...)}
> coplot(Richness ~ NAP | as.factor(Beach), pch = 19,
        panel = panel.lm, data = Benthic)
```

函数 panel.lm 定义在每个面板里如何显示数据。最后的三个点表示
该函数可以运行其它参数。线性回归函数 lm 用来把数据暂时储存在变量
tmp 中，这个分析中任何 NAs 将被忽略。函数 abline 绘制线，函数 points
绘制点。

另外一个预先定义的 panel 函数是 panel.smooth。它使用 LOESS 平
滑项添加一个平滑线。

正如你上面所见，我们定义了自己的 panel 函数。这个工具对于使用
coplot 生成用户定制的面板函数是有用的。例如，均值和置信限可以加到
每个面板，并且置信限可以加到回归线上。

Coplot 也是研究大量数据中每个组合变量的很好的工具。

练习 7.10 节的习题 10。这个习题利用植被数据生成一个协同图。

7.7.2　两个条件变量的协同图

P.161　　　　在协同图里可以包含第三个预测变量,但是当海底数据包含另外一个变量时不会产生更多的额外信息。因此我们给出另外一个例子: Cruikshanks 等(2006)分析的数据的子集。可利用的数据在文件 *SDI2003.txt* 里。最初的研究样本是 2002 到 2003 年间爱尔兰的 257 条河流。目标之一是发展一种新的工具识别对酸敏感的水域,目前是通过测量 pH 值。使用 pH 的一个问题是它在集水处是一个极值变量并且既依赖于水流条件也依赖于地下地质状况。作为一种替代措施,钠优势度指数(Sodium Dominance Index,SDI)被提出。在 257 个测量地点,有 192 个没有森林覆盖 65 个被森林覆盖。Zuur 等(2009)使用带有空间相关性的回归模型,提出 pH 作为 SDI,森林覆盖的或者没有森林覆盖的以及海拔的函数。

　　　　pH 和 SDI 之间的关系可能受到海拔梯度与森林覆盖的影响。计算这个需要两个连续(SDI 和海拔)和一个分类(森林覆盖)的解释变量的三向交互作用项。在模型里包含交互作用之前,我们可以通过协同图观看它们之间的关系。在前一节中,我们使用了单个条件变量的协同图,这里我们使用两个条件变量。我们对海拔值进行对数变换。协同图如图 7.18 所示。R 代码如下。

P.162
```
> setwd("C:/RBook/")
> pHEire <- read.table(file = "SDI2003.txt",
                       header = TRUE)
> pHEire$LOGAlt <- log10(pHEire$Altitude)
> pHEire$fForested <- factor(pHEire$Forested)
> coplot(pH ~ SDI | LOGAlt * fForested,
        panel = panel.lm, data = pHEire)
```

　　　　在前一节中,我们使用过相同的 panel.lm 函数。(如果 R 已经关闭,需要把它复制并粘贴到 R 控制台。)因为变量 LOGAlt 是海拔的对数变换,所以它是数值型,它被分成一列条件区间,并且,对于每一个区间,绘制 pH 对于 SDI 的图形。另外,数据基于森林覆盖因子被分割为数组。LOGAlt 区间的数目和位置可以通过参数 given.values 控制;见 coplot 的帮助文件。如果没有这个语句,数字变量被分为 6 个重叠部分大约为 50 的区间。一个简单的方法是使用 number 参数。运行这个命令:

```
> coplot(pH ~ SDI | LOGAlt * fForested,
        panel = panel.lm, data = pHEire, number = 2)
```

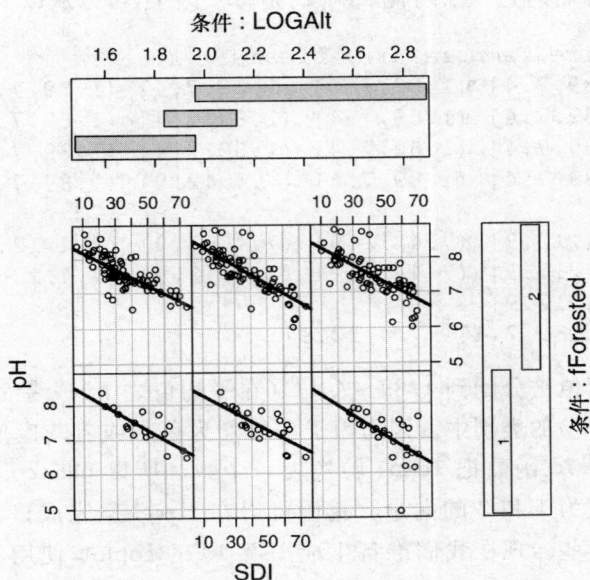

图 7.18 爱尔兰 pH 数据的协同图。面板展示了对于不同海拔和是否有
森林覆盖的 pH 和 SDI 的关系。如果线的斜率不同,你需要在回
归模型里加上一个交互作用项。如果一个面板没有点,不能包
含交互作用

比较该结果(这里不显示)与图 7.18 的协同图;这个结果有较少的面
板。如果有过多的面板造成协同图过于稠密时可以使用 number 参数。

7.7.3 增加协同图的修饰*

这部分稍微更复杂一些(因此在标题上有星号),所以第一次阅读可以
忽略。

图 7.18 展示了 pH 对应于 SDI,海拔和森林覆盖之间的关系(以及它
们之间的交互作用)。为了示范可以做什么,我们生成了与图 7.18 相同的
协同图,但是依据不同的温度,点的颜色不同。温度在平均值以上的用浅
灰色点表示,温度在平均值以下的用黑点表示(显然,红色和蓝色点可能更
好)。在完成这些之前,我们需要使用下面的代码生成一个包含灰色的新
变量。

```
> pHEire$Temp2 <- cut(pHEire$Temperature, breaks = 2)
> pHEire$Temp2.num <- as.numeric(pHEire$Temp2)
```

因为我们使用了 breaks = 2,所以 cut 函数把温度数据分为两部分。

输出结果时我们遇到一个问题，Temp2，是一个因子，可以从以下输入看到：

P.163

```
> cut(pHEire$Temperature, breaks = 2)
  [1] (1.89,7.4]  (1.89,7.4]  (1.89,7.4]  (1.89,7.4]
  [5] (1.89,7.4]  (1.89,7.4]  (1.89,7.4]  (1.89,7.4]
  [9] (1.89,7.4]  (1.89,7.4]  (1.89,7.4]  (1.89,7.4]
 [13] (1.89,7.4]  (1.89,7.4]  (7.4,12.9]  (1.89,7.4]
 ...
[197] (7.4,12.9]  (7.4,12.9]  (7.4,12.9]  (7.4,12.9]
[201] (7.4,12.9]  (7.4,12.9]  (7.4,12.9]  (7.4,12.9]
[205] (7.4,12.9]
Levels: (1.89,7.4]  (7.4,12.9]
```

每个温度值被分配到 1.89~7.4℃（在平均值之下）或者 7.4~12.9℃（在平均值之上）的类别中。因为因子不能作为色彩或者灰度值，因此我们使用 as.numeric 函数把 Temp2 转换为一个数。所以 pHEire $ Temp2.num 是一个具有值为 1 和 2 的向量。我们可以在 Excel 里完成该步，但是 cut 函数更有效一些。现在我们准备生成图 7.19 的 coplot，使用下面的 R 代码。

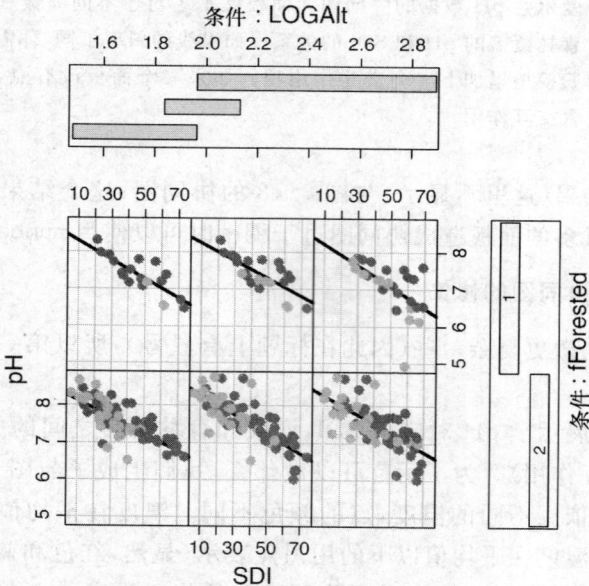

图 7.19 pH 数据的 coplot，使用四个预测变量：SDI，森林覆盖，海拔与温度。后者用具有两种色调的灰色的符号显示。浅灰色的点对应于平均温度之上的值，暗灰色的点对应于平均温度之下的值

```
> coplot(pH ~ SDI | LOGAlt * fForested,
    panel = panel.lm, data = pHEire,
    number = 3, cex = 1.5, pch = 19,
    col = gray(pHEire$Temp2.num / 3))
```

可以看出,当 Forested＝2(2 表示没有森林覆盖,1 表示森林覆盖),具有较低的 SDI 值以及温度在平均值以上时可以得到高的 pH 值。

7.8 组合不同类型的图*

这里我们接触 R 更高级的图形功能。在 R 中可以使用多种图形系统。P.164我们展示的所有图形都是通过底层包 *graphics* 实现的。名称为 *grid* 的 R 包提供更多高级功能。它可以在单个图形里组合不同的图。我们已经使用 mfrow 命令在一个屏幕上绘制多个图形。这里我们使用 layout 生成复杂的图形排列。图 7.20 展示了物种丰富度对 NAP 的散点图,同时也包括每个变量的盒形图。

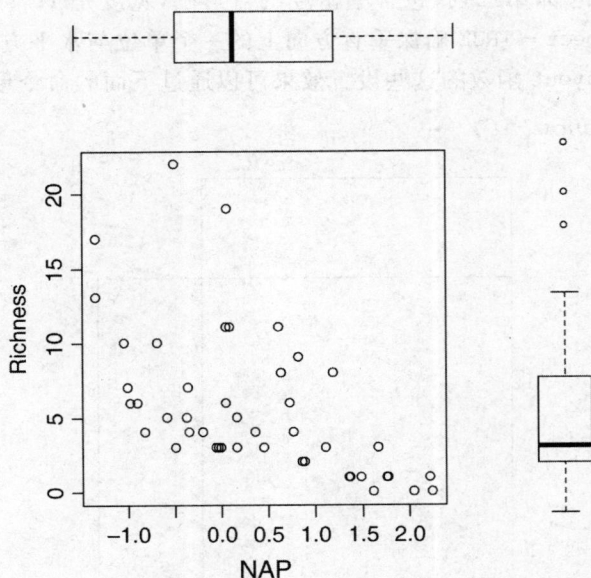

图 7.20   海底数据的散点图和盒形图的组合

为了生成这个图形,我们首先需要定义合并图形的数量、它们的位置以及大小。在这里,我们想安排一个 2 乘 2 的窗口,散点图在左下面板,一个盒形图在左上面板,另一个盒形图在右下面板。为了实现这点我们定义一个矩阵,称为 MyLayOut,它具有下列值。

```
> MyLayOut <- matrix(c(2, 0, 1, 3), nrow = 2, ncol=2,
                     byrow = TRUE)
> MyLayOut
     [,1] [,2]
[1,]   2    0
[2,]   1    3
```

P.165　　　第 2 章里介绍了 matrix 命令。它看起来复杂,但是能比较容易地生成一个矩阵,第一行元素为 2 和 0,第二行元素为 1 和 3。我们在函数 layout 里使用这个矩阵,接下来是三个绘图命令。第一个图显示在左下角(由矩阵里的 1 指定),第二个图在左上角(由 2 指定),第三个图在右下角。因为在 MyLayOut 的右上区域是 0,所以在该区域没有绘制图形。

　　　下一部分的代码包含

```
> nf <- layout(mat = MyLayOut, widths = c(3, 1),
               heights = c(1, 3), respect = TRUE)
```

　　widths 选项规定了列的相对宽度。在这里,第一列包含 NAP 的散点图和盒形图,是 3,第二列,包含丰富度的盒形图,宽度是 1。Heights 列指定行高。respect = TRUE 确保垂直方向上的一个单位与水平方向上的一个单位相等。layout 函数的这些设置效果可以通过下面的命令形象地看到。

```
> layout.show(nf)
```

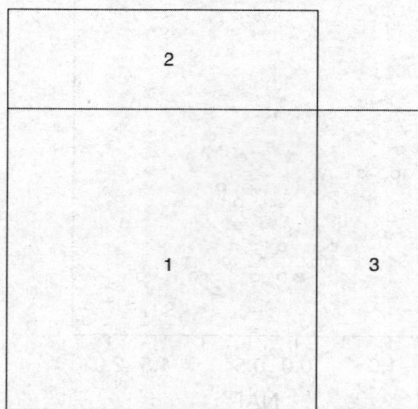

图 7.21　图形窗口的布局。第一个绘图命令的结果
显示在面板 1(左下),第二个是面板 2,第
三个是面板 3

　　　剩余的一切是为了生成这三个图形。我们必须确保面板 2 的盒形图的范围与面板 1 的水平轴的范围一致,同样使面板 3 的范围与面板 1 的垂

直轴范围一致。我们也需要避免在图形的周围有过多的空白，这意味着需 P.166
要对每幅图的 mar 值进行多次试验以避免错误。我们给出了以下代码。

```
> xrange <- c(min(Benthic$NAP), max(Benthic$NAP))
> yrange <- c(min(Benthic$Richness),
              max(Benthic$Richness))
> #First graph
> par(mar = c(4, 4, 2, 2))
> plot(Benthic$NAP, Benthic$Richness, xlim = xrange,
       ylim = yrange, xlab = "NAP", ylab = "Richness")
> #Second graph
> par(mar = c(0, 3, 1, 1))
> boxplot(Benthic$NAP, horizontal = TRUE, axes = FALSE,
       frame.plot = FALSE, ylim = xrange, space = 0)
> #Third graph
> par(mar = c(3, 0, 1, 1))
> boxplot(Benthic$Richness, axes = FALSE,
          ylim = yrange, space = 0, horiz = TRUE)
```

很多选项的含义是不言自明的，改变 mar 的值并观察会发生什么。另外
一个可以用来实现类似目的的函数是 split.screen；详见它的帮助文件。

7.9 我们学习了哪些 R 函数？

表 7.1 列出了本章中我们介绍的 R 函数。

表 7.1　本章介绍的 R 函数 P.167

函　数	功　能	示　例
pie	生成一个饼图	pie(x)
pie3D	生成一个三维饼图	pie3D(x)
par	设置图形参数	par(...)
barplot	生成一个条形图	barplot(x)
arrows	绘制箭头	arrows(x1,y1,x2,y2)
box	在图形周围绘制一个盒子	box()
boxplot	生成一个盒形图	boxplot(y) boxplot(y~x)
text	在图形上添加文本	text(x,y,"hello")
points	在一个存在的图形上添加点	points(x,y)

续表 7.1

函　数	功　能	示　例
legend	添加图例	legend("topleft",MyText,lty = c(1,2,3))
title	添加标题	title(MyText)
expression	允许给定特殊字符	ylab = expression (paste (deltao {15},"N"))
pairs	生成多面板散点图	Pairs(X)
coplot	生成多面板散点图	Coplot(y~x|z)
layout	在同一个窗口	layout(mat,widths,heights)
	允许多个图形	plot(x)
		plot(y)

7.10　习题

习题 1. 使用禽流感数据练习pie 函数的应用。

在 7.1 节,我们使用了每年全部的禽流感病例。生成一个显示每个国家总数的饼图。添加易读的标签。文件 *BirdFludeaths.txt* 包含该疾病的死亡数据。生成显示每年死亡总数与每个国家死亡数的饼图。

习题 2. 使用植被数据集练习barchart 和stripchart 函数的应用。

在 4.1 节,我们计算了 8 个截面的物种丰富度以及它的均值和标准差。生成表示 8 个均值的条形图,同时加上表示标准误的垂直线。

生成一个图形,其中均值绘制成黑色的点,标准误绘制成围绕均值的直线,观测值用空心点表示。

习题 3. 使用植被数据集练习boxplot 函数的应用。

使用习题 2 的植被数据,生成展示丰富度值的盒形图。

习题 4. 使用寄生虫数据集练习boxplot 函数的应用。

在 6.3.3 节,使用了鳕鱼寄生虫数据集。生成基于地区、性别、进程或者年份为条件的寄生虫数目(强度)的盒形图。尝试进行组合以检测交互作用。

习题 5. 使用猫头鹰数据练习dotchart 函数的应用。

在 7.3 节,我们使用了猫头鹰数据。生成雏鸟协商行为和到达时间的两个克里夫兰点图。生成一个显示每夜到达时间的克里夫兰点图。在同一个夜晚雏鸟和食物处理变量显示哪一个观测值被使用。也可以参考 6.6 节的习题 2。

习题 6. 使用寄生虫数据练习dotchart 函数的应用。

对于习题 4 使用的寄生虫数据,利用寄生虫数量(强度)以及根据地区、性别、进程或者年份分组的观测值生成一个克里夫兰点图。生成一个 P.168 克里夫兰点图以显示深度,并对观测值根据广泛程度分组。

习题 7. 使用猫头鹰数据练习plot 和 axis 函数的应用。

对雏鸟协商行为数据应用对数变换(以 10 为底数),加上 1 以避免对 0 取对数的问题。绘制变换后的雏鸟协商行为数据对到达时间的图形。请注意到达时间的编码为 23.00,24.00,25.00,26.00 等。使用 01.00,02.00 等替换 25,26 等作为到达时间的标签。

生成相同的图形,但是使用反向变换的值作为垂直轴的标签。这意味着使用雏鸟协商行为数据的对数变换,但是如果对数变换的值为 0,则标签为 1,如果对数变换的值是 1,则标签是 10 等。

习题 8. 使用猫头鹰数据练习legend 函数的应用。

对习题 7 生成的图形添加一个平滑线(见第 5 章)以形象化地区分雄性数据和雌性数据的样品。提取雄性数据,以平滑线拟合,在图形上添加该线。对雌性数据进行相同的操作。使用图例区分不同的曲线。对食物处理和夜晚进行相同的操作。

习题 9. 使用植被数据练习pairs 函数的应用。

对植被数据的所有气候变量生成多组图。在下部的面板上添加相关系数。图形告诉了你什么?

习题 10. 使用植被数据练习coplot 函数的应用。

绘制在截面条件下物种丰富度与你选择的一个协变量的图形。

第 8 章

格包(Lattice Package)简介

R 中提供了很多可以对各种特殊类型数据进行绘图的函数,这些函数中的大部分在当 R 启动时默认载入的程序包中并不可用。有些函数用起来很简单,比如 plot 函数,有些函数用起来比较麻烦。格包可以使 R 调动全部的潜能来对各种高维数据进行绘图,我们已经使用过了一种格图,即多面板散点图,在 1.4.1 节中绘制了深海发光生物体密度对深度的图像。

格包是由 Deepayan Sarkar 编写的,他最近出版了一本非常不错的书,我们在这里将其强烈推荐给读者(Sarkar,2008)。这个程序包实现了 20 世纪 90 年代初期在贝尔实验室发展起来的特雷利斯图形框架(Trellis Graphics framework)。

在第 7 章中,我们提出了 coplot 函数,它可以将数据子集的图像显示在一个单独的面板上,这在当数据具有分组结构时是很有用的。格包是这种特点的进一步发展,但它需要在编程中付出更多的努力。好消息是,我们迄今已掌握了足够熟练的技巧去处理函数而不会有太大困难。

8.1 高级格函数(Lattice Function)

格用户界面主要由一系列被称之为"高级"函数的函数组成,其中每个都具有绘制特殊类型统计图像的功能(表 8.1)。幸运的是,我们不需要分别来学习它们,因为对于不同类型的多面板条件和对于大量普通参数的响应,这些函数都是使用相似的公式界面来设计的,因此,一旦我们掌握了一个函数,学习其它的函数就很简单了。

绘图过程由一个默认的面板函数完成,这个面板函数嵌入在可以用于任何面板上的每一个普通函数中。大多数情况下,用户都不会注意到面板函数是根据所调用函数中的给定参数做出反应的。默认面板函数名字的意思一般都是不言自明的,例如,高级函数 histogram 的默认面板函数是 panel.histogram,densityplot 的默认面板函数是 panel.densityplot,xyplot 的是 panel.xyplot,等等。这些预先定义的函数都是可以直接使用或者修改的,我们将在 8.6 节更详细地讨论面板函数。

P.170

表 8.1 列出了一些在格中可以使用的高级函数。

表 8.1　格包中的高级函数

函　　数	默认显示
histogram()	直方图
densityplot()	核密度图
qqmath()	理论分位数图
qq()	双样本分位数图
stripplot()	带形图(相当于一维散点图)
bwplot()	相当于箱线图
dotplot()	克里夫兰点图
barchart()	条形图
xyplot()	散点图
splom()	散点图阵列
contourplot()	表面等高线图
levelplot()	表面伪色彩图
wireframe()	三维表面透视图
cloud()	三维散点图
parallel()	平行坐标图

完成 8.11 节的习题 1。这里引入了格绘图,并且对这个包的功能进行了一个总结。

8.2　多面板散点图:xyplot

在第 4 章的习题中我们曾使用了沿荷兰海岸线上 30 个站点历时 15 年所测量的一组温度数据,采样的频率根据季节不同每个月进行 0~4 次。

除了温度之外，也记录了每个站点的盐度数据，这里使用这些测量值。这些数据（存在于文件 *RIKZENV.txt*）将被传递给 xyplot 函数，进而生成一个多面板散点图。以下代码将分别实现将数据载入 R，生成一个代表时间（天数）的新变量，MyTime，绘制一个多面板散点图。

```
> setwd("C:/RBook")
> Env <- read.table(file ="RIKZENV.txt", header = TRUE)
> Env$MyTime <- Env$Year + Env$dDay3 / 365
> library(lattice)
> xyplot(SAL ~ MyTime | factor(Station), type = "l",
      strip = function(bg, ...)
      strip.default(bg = 'white', ...),
  col.line = 1, data = Env)
```

P.171

xyplot 函数具有所有高级格函数的一般特性，其中最显著的特点就是公式的使用，公式中有一个垂直线（也称为管符号（pipe symbol）），和 data 参数。格使用了一种 R 对于统计模型也会使用的公式化结构，上述波浪线（〜）连接的变量分别表示 y 轴和 x 轴，垂直线后条件变量（此处为 Station）的作用是生成多面板。

当没有条件变量的时候，xyplot 函数的结果将和普通 plot 函数的结果是类似的，数据的图形将被绘制在单个面板中。条件变量通常都是一个因子（注意到我们输入了：factor(Station)），但是它也可以是一个连续的变量。当使用连续的变量作为条件变量时，它的每一个值在默认情况下都被理解为一个离散值，然而，此类变量通常具有很多的值，此时我们就需要将其分割为一些区间。函数 shingle 和 equal.count 可以完成这个任务，见它们的帮助文件。

图 8.1 绘制了所有站点数据的图形，这个图形包括五行，每行六个面板。每个面板上面的横条，称为带，给出了每个站点的名称。

这些代码并不难理解。根据站点（|）的不同，xyplot 函数使用公式绘制了盐度对（〜）时间的图形。我们增加了两个 xyplot 参数：strip，对每一个带使用白色的背景；col.line = 1，对图形使用黑色的线条（第 5 章已讲过 1 代表黑色）。另外还有两个我们很熟悉的属性，type 和 data。但是，type 属性在 xyplot 函数中有比普通 plot 函数更多的选项，例如，type = "r"可以增加一条回归线，type = "smooth"增加一个 LOESS 拟合，type = "g"增加一个参考网格，type = "l"将点用线连接起来，type = "a"将每个面板中每组的均值用线连接起来。

参数 strip 需要包含一个逻辑值（TRUE 或者 FALSE），来说明是否绘制这个带状，或者给出一个带有输入的函数（此处是 strip.default）。为了

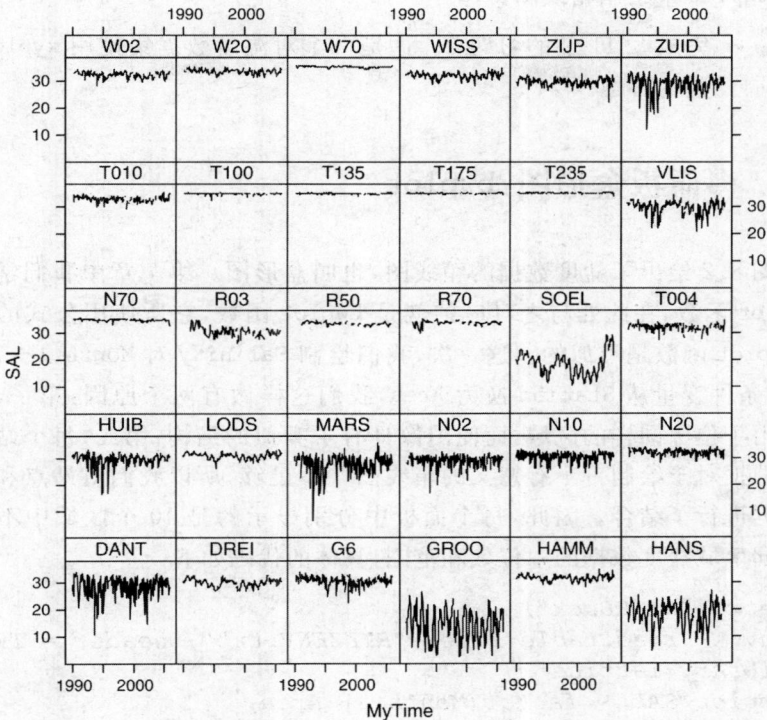

图 8.1　荷兰海岸线上 30 个站点历时 15 年的盐度(SAL)多面板图。注意
　　　　不同站点的数据范围和均值是不同的

查看这些选项的功能,运行如下的基本 xyplot 命令。

```
> xyplot(SAL ~ MyTime |factor(Station), data = Env)
```

将这个结果(这里没有列出)和如下的进行比较:

```
> xyplot(SAL ~ MyTime | factor(Station), type = "l",
        strip = TRUE, col.line = 1, data = Env)
> xyplot(SAL ~ MyTime | factor(Station), type = "l",
        strip = FALSE, col.line = 1, data = Env)
```

P.172

　　从图 8.1 中可以看到,有些站点的盐度值比较低,北海(North Sea)附近水中的盐度大约是 32,这可能是由于一些河流或者是其它的新鲜水源流入其中的原因。不同站点的盐度值是不同的,低盐度值站点的数据随着时间表现出了更大的波动性。另外一个需要注意的是一些站点的图形是比较类似的,这可能是因为这些站点离的比较近的原因。从此图中很难看出这些数据是否具有随季节变化的特性。为了研究这一点,我们可以使用格函数 bwplot 来绘制箱线图。

　　完成 8.11 节的习题 2。这是一个对温度数据集使用 xyplot 函数的习题。

8.3　多面板盒形图:bwplot

P.173　　图 8.2 给出了盐度数据的箱线图,也叫盒形图。第 7 章中我们学习了
boxplot 函数,在此处与之对应的就是 bwplot 函数,它所使用公式的形式
和 xyplot 函数是类似的。这一次,我们绘制 Salinity 对 Month(1~12)的
图形,条件变量从 Station 换为 Area,我们这样做有两个原因:第一,一些
站点由于位于同样的区域,而使图像具有了类似的结构;第二,每个站点每
月的数据对于绘制一个有意义的箱线图并不足够,所以我们对站点和年份
的数据进行了结合。因此,每个面板中分别显示的是 10 个区域中不同月
份不同区域盐度数据的中位数和范围,具体的代码如下:

```
> setwd("C:/RBook")
> Env <- read.table(file ="RIKZENV.txt", header = TRUE)
> library(lattice)
> bwplot(SAL ~ factor(Month) | Area,
     strip = strip.custom(bg = 'white'),
     cex = 0.5, layout = c(2, 5),
     data = Env, xlab = "Month", ylab = "Salinity",
     par.settings = list(
       box.rectangle = list(col = 1),
       box.umbrella = list(col = 1),
       plot.symbol = list(cex = .5, col = 1)))
```

　　这是一个非常广泛的代码,但是如果我们对用黑色和白色绘图(默认
使用的颜色)没有其它的要求的话,代码是可以化简的。假如不考虑使用
颜色和标签选项(此处不列出结果)的话:

```
> bwplot(SAL ~ factor(Month) | Area, layout = c(2, 5),
       data = Env)
```

　　然而,这个图并不具有吸引力,我们需要继续使用更多的代码。par.
settings 之后的 list 用来设置盒形框的颜色,线条(也叫伞形物),开放式
圆圈(代表中位数)的尺寸和颜色。我们同样将带状的背景色设置为白色,
用参数 layout 来设置面板的布局,具体的做法通过输入一个数值向量来指
定矩形网格的行数和列数。

　　图 8.2 所示的不同区域数据的变化是不一样的,而且它们还表现出了

循环的结构特点,这可能是一种季节效应(比如河流的径流),但是每个区域的这种特点并不完全一致。

P.174

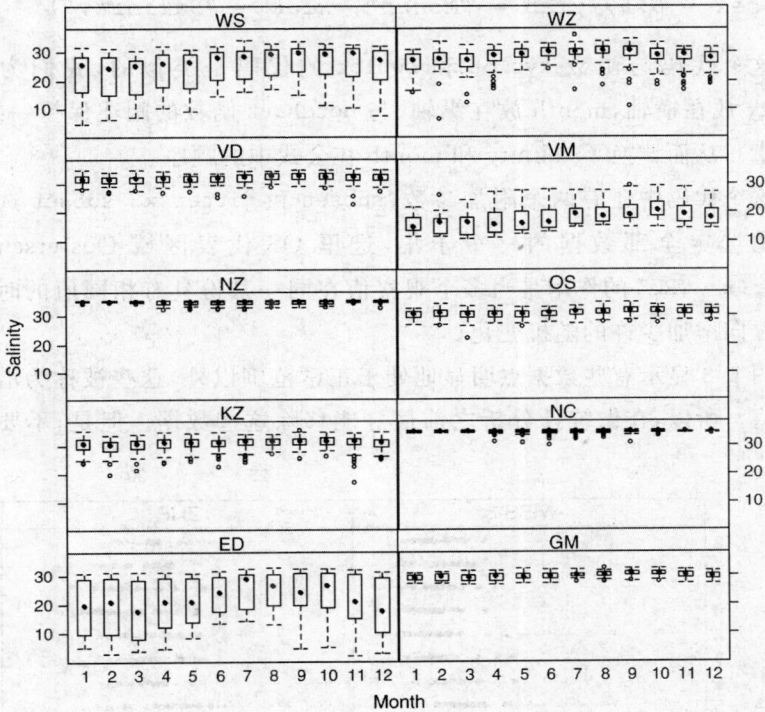

图 8.2　不同区域盐度(Salinity)对时间(Month)的多面板图形。不同区域盐度的变化是不一样的

通过对温度的数据使用 bwplot 函数来完成 8.11 节的习题 3。

8.4　多面板克里夫兰点图:dotplot

第 7 章介绍了克里夫兰点图,称为 dotchart,在格中称为 dotplot。由于盐度数据集中包含了过多的数据点,所以我们将图形限制在某一单独区域的站点中。以下的代码绘制了一个多面板点图,结果如图 8.3 所示。

```
> setwd("C:/RBook")
> Env <- read.table(file ="RIKZENV.txt", header = TRUE)
> library(lattice)
```

P.175

```
> dotplot(factor(Month) ~ SAL | Station,
    subset = Area=="OS", jitter.x = TRUE, col = 1,
    data = Env, strip = strip.custom(bg = 'white'),
    cex = 0.5, ylab = "Month", xlab = "Salinity")
```

这个代码与函数 xyplot 和 bwplot 的代码是类似的,我们为了把 salinity 放在横轴,month 放在纵轴(与 dotchart 函数的阐述保持一致,见第 7 章),从而调换了 salinity 和 month 在公式中的顺序。

这个代码中还有两个附加参数,subset 和 jitter.x。subset 选项的作用是选定全部数据的一个子集,这里 OS 代表区域 Oosterschelde,jitter.x = TRUE 的作用是当多个观察值在同一月份具有相同值的时候对水平方向增加少许的随机变化。

图 8.3 显示有些数据点明显地处于正常范围以外,这些被称为潜在的异常值。所以,在做统计分析之前最好能移除这些数据。但是,不要轻率

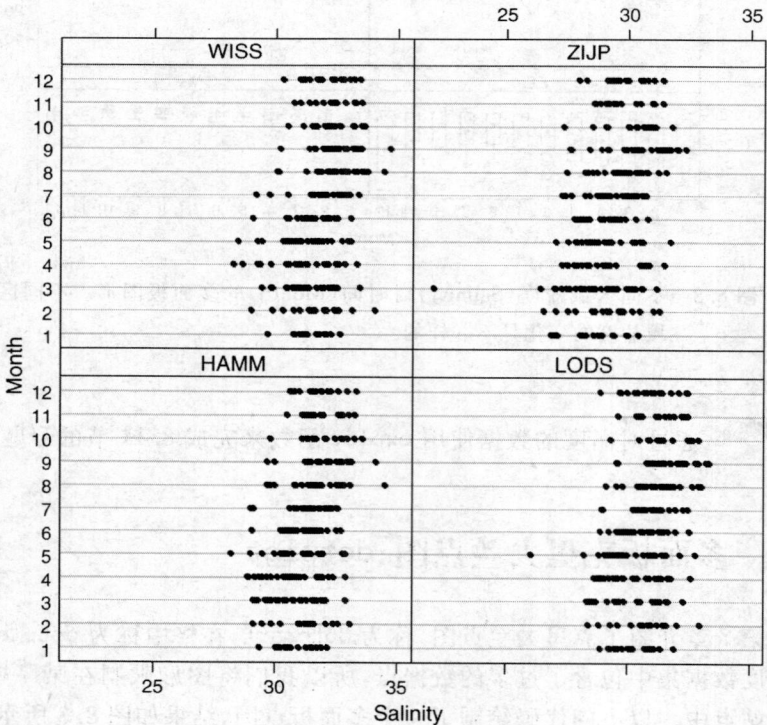

图 8.3　OS 地区四个站点盐度数据的多面板点图。每个数据都被刻画为一个圆点,y 轴代表月份,x 轴代表盐度。注意站点 ZIJP 和 LODS 中有两个异常值

地做出这种选择，数据移除者必须对数据移除的正确性负责，也许这两个
比较低的盐度值是由于过多的降雨导致的。如果研究的目的是确定盐度
与降水量之间的关系，那么我们最好保留这些数据点。

> 通过对温度的数据使用多面板 dotplot 函数来完成 8.11 节的
> 习题 4。

8.5 多面板直方图：histogram

格包中的 histogram 函数可以用来绘制多面板直方图，图 8.4 就是由
如下的代码绘制的。

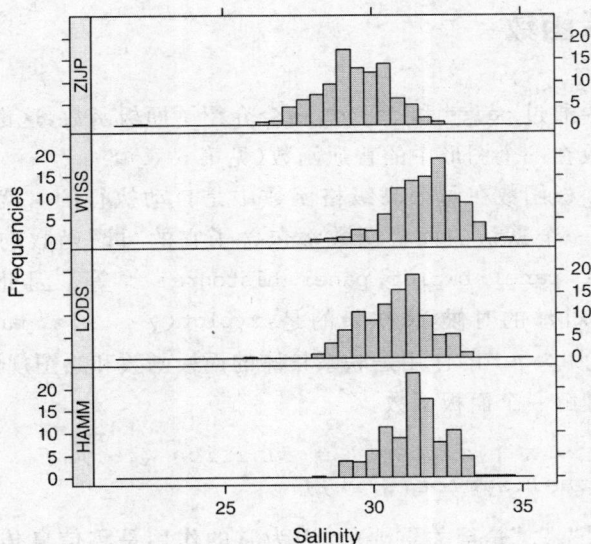

图 8.4 OS 地区四个站点盐度数据的直方图

```
> setwd("C:/RBook")
> Env <- read.table(file ="RIKZENV.txt", header = TRUE)
> library(lattice)
> histogram( ~ SAL | Station, data = Env,
      subset = (Area == "OS"), layout = c(1, 4),
      nint = 30, xlab = "Salinity", strip = FALSE,
      strip.left = TRUE, ylab = "Frequencies")
```

P.177
注意这个公式和前面的是有一些区别的(这个直方图的绘制只需要盐度数据)。这里使用 subset 命令呈现了其中四个站点的数据,为了使面板垂直排列,改变了 layout 的参数,并且还使用 nint 参数将条形(也叫箱形)的数目增加到 30 个,因为默认的这个数目是很少的。另外,我们通过设置 strip = FALSE 和 strip.left = TRUE 将带状移到了面板的侧边。从图中可以看到,OS 地区只有一个站点的盐度比较低,就是 ZIJP。

当需要绘制密度图的时候,只需要将函数名从 histogram 改为 densityplot 就可以了。如果没有移除条形数目的参数,R 将会忽略它。另外一个可以绘制数据分布的函数是 qqmath,它可以绘制 QQ 图,也就是分位数-分位数图,其作用是将一组连续数据的分布和一种理论分布(通常是正态分布)进行比较。

8.6　面板函数

第 7 章中通过 pairs 和 coplot 命令介绍了面板函数,这都是一些可以把多个面板放在一个图形中的普通函数(见第 6 章)。

格中的面板函数在每个高级格函数中是自动执行的。就像 8.1 节所讲的那样,每一个默认的面板函数都包含了它的"母"函数的名称,例如,panel.xyplot, panel.bwplot, panel.histogram 等等。因此,当你键入 xyplot(y ~ x|z)的时候,R 执行的是:xyplot(y ~ x|z, panel = panel.xyplot)。参数 panel 的作用是联系具体的面板函数和绘图规则,因为我们可以这样来理解一个面板函数:

```
xyplot (y ~ x | z, panel = function (...) {
         panel.xyplot(...) })
```

这里符号"..."是至关重要的,因为它的作用是将信息传递给其它特定的函数。除了 y, x 和 z 之外,xyplot 在进行实际的绘图之前还要计算很多参数值,这些我们不认识的参数在被使用的时候将会被传递给 panel 函数。你可以选择在主函数中或者是面板函数中将这些参数提供给 panel 函数。你也可以写属于自己的面板函数,不过你要知道,格中实际上已经定义了很多易于使用的函数。面板函数可以,并且经常互相调用,这主要依靠其参数来完成。我们通过三个例子来看一下面板函数的用法。

8.6.1　第一个面板函数示例

P.178
这个例子同样使用盐度数据集,这一次我们研究降雨和盐度的潜在关系。这里没有降水的资料,所以我们假定每年的降水和季节是相关的,使用 Month 来作为一个连续变量。我们主要研究一个单独站点（GROO）的数据，并以 Year 为条件对数据进行分类，在 xyplot 函数中我们调用三个面板函数 panel.xyplot，panel.grid 和 panel.loess，并将 Month 设置为 1～12，Salinity 设置为 0～30。

```
> setwd("C:/RBook")
> Env <- read.table(file ="RIKZENV.txt", header = TRUE)
> library(lattice)
> xyplot(SAL ~ Month | Year, data = Env,
    type = c("p"), subset = (Station =="GROO"),
    xlim = c(0, 12), ylim = c(0, 30), pch = 19,
    panel = function (...){
    panel.xyplot(...)
    panel.grid(..., h = -1, v = -1)
    panel.loess(...) })
```

这个代码的结果由图 8.5 给出，注意网格线上点的位置，这种现象是因为面板函数中 panel.grid 命令在 panel.xyplot 后面的原因。如果你交换 panel.grid 和 panel.xyplot 的顺序，先绘制的将会是网格。面板函数 panel.loess 使得图中增加了一条光滑的线，线的光滑程度可以通过给 xyplot 的主函数增加一个属性 span = 0.9（或者介于 0 和 1 之间的任何值）来控制（具体见 Hastie 和 Tibshiranie(1990) 的著作中关于拟合光滑性和跨度的说明）。

我们在函数 panel.grid 中还增加了将垂直和水平网格线与坐标轴进行对齐的选项。h 与 v 的正值分别表示垂直与水平网格线的数目，如果你给 h 与 v 赋了负值，R 将尽量使得网格与轴坐标对齐，可以给 h 与 v 赋不同的值来观察发生了什么变化。

另外需要注意的一点是，如果代码中不包含 panel.xyplot，数据对应的点将不被绘制。由于 Year 被认为是一个连续的变量，所以带状的格式与 Year 是一个因子时是不一样的，此时在带状中年份被表示成了一个彩色的垂直条。这种表示法没有多大用处，我们建议将 Year 定义为一个因子，这样在带状中它就被标记为具体的数值了。

图中数据显示出了清晰的季节性，虽然不同年份的这种季节性有明显的不同。我们还可以使用以下的代码来获得同样的图像：

```
> xyplot(SAL ~ Month | Year, data = Env,
    subset = (Station == "GROO"), pch = 19,
    xlim = c(0, 12), ylim = c(0, 30),
    type = c("p", "g", "smooth"))
```

P.179

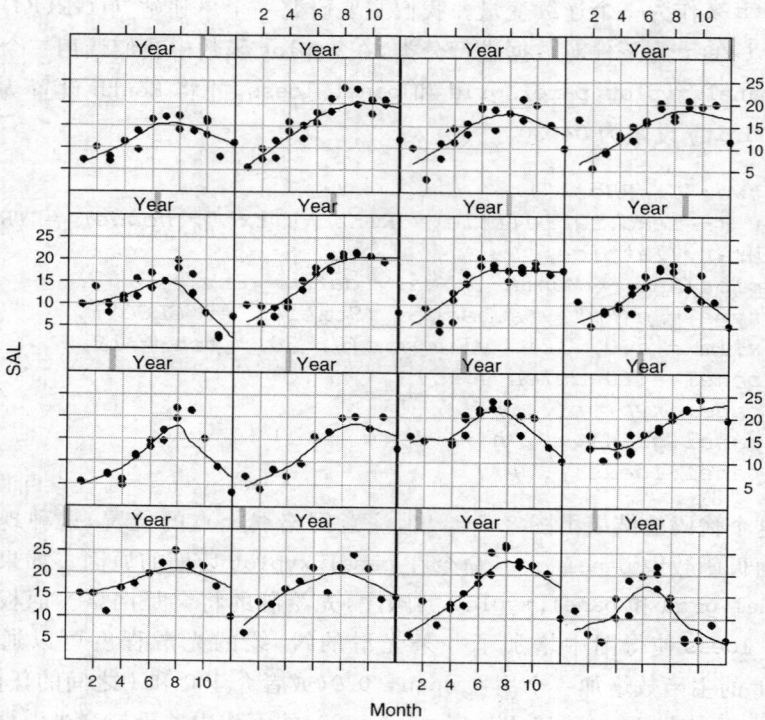

图 8.5　历时 16 年的 Salinity 对 Month 的散点图,包括了网格线和光滑的
　　　　拟合线。数据表现出了清晰的季节性。由于年份没有被定义为一
　　　　个因子,所以它们在带状中被表示成了垂直线

注意参数 type 具有三个值"p","g"和"smooth",它的作用就相当于 xyplot
函数执行了 panel.xyplot,panel.grid 和 panel.smooth 三个面板函数。

8.6.2　第二个面板函数示例

　　　　第二个例子涉及图 8.3 所讲的多面板克里夫兰点图,这一次使用不同
的颜色和大一点的点来表示潜在的异常值。具体的图像如图 8.6 所示,由
于本书是黑白印刷,所以两个比较大的红点被印成了黑色。

　　　　图 8.6 可以采取两种方法来绘制,第一种方法的代码与 8.4 节的类似,
只是在主参数中加入一行代码 cex = MyCex,此处 MyCex 是与 SAL 长度相
同,具有预定义值的向量,它将值赋给 cex。第二种方法是在面板函数中确
定 cex 的值,以下将阐述第二种方法。

P.180　　　　盐度数据的截止水平被设置为中位数减去第三四分位数和第一四分
位数差的三倍,当盐度数据低于这个值时,增加相应点的尺寸并对颜色做

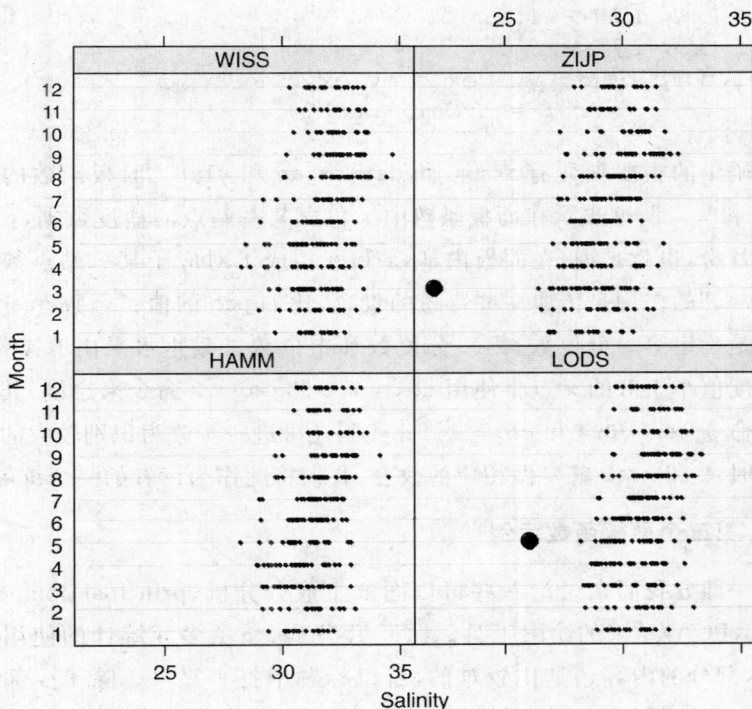

图 8.6　多面板克里夫兰点图，比较大的点表示潜在的异常值

相应的改变。注意这个截止水平可以根据个人喜好来主观设置。我们使用如下的代码：

```
> setwd("C:/RBook")
> Env <- read.table(file ="RIKZENV.txt", header = TRUE)
> library(lattice)
> dotplot(factor(Month) ~ SAL | Station, pch = 16,
    subset = (Area=="OS"), data = Env,
    ylab = "Month", xlab = "Salinity",
    panel = function(x, y, ...) {
    Q <- quantile(x, c(0.25, 0.5, 0.75) ,
                na.rm = TRUE)
    R <- Q[3] - Q[1]
    L <- Q[2] - 3 * (Q[3] - Q[1])
    MyCex <- rep(0.4, length(y))
    MyCol <- rep(1, length(y))
```

P.181

```
MyCex [x < L] <- 1.5
MyCol [x < L] <- 2
panel.dotplot(x, y, cex = MyCex,
             col = MyCol, ...)})
```

代码中的主要参数有 formula,data,xlab 和 ylab。面板函数的参数有 x,y,和"...",这表示在面板函数中 x 包含某一站点的盐度数据,y 表示相应的月份,也就是说,在面板内部,x 和 y 构成了对应于某一站点数据的子集,"..."的作用是传递一些普通的设置,比如 pch 的值。函数 quantile 的作用是确定第一分位数、第三分位数和中位数。截止水平由 L 来指定,所有盐度值小于 L 的 x 点将使用 cex = 1.5 和 col = 2 命令来绘制,其它的点使用命令 cex = 0.4 和 col = 1。此代码还可进一步改为识别较大的盐度值。此时,L 和 x<L 就要做相应的改变,我们将此作为读者的一个练习。

8.6.3　第三个面板函数示例 *

这一部分我们来讨论一些可以图解主成分分析(principal component analysis,PCA)结果的绘图工具。抛开 R 代码,单从多元统计的使用方面来看,这部分的内容还是比较难的,所以标题中打了星号。除了少部分内容需要相应统计知识之外,如果你对图 8.7 比较感兴趣,也可以继续来学习这部分内容。

图 8.7 给出了四个双标图[①],这里使用的数据是大约 1000 只麻雀的形态参数(Chris Elphick,美国康涅狄格大学),Zuur 等人(2007)曾使用这些数据对 PCA 进行过详细的解释。

我们可以根据不同的选择来对 PCA 双标图进行解释,对其进行全面的讨论并不属于本文研究的范围,具体可以参考 Jolliffe(2002)或者 Zuur 等人的著作。在这里,形态变量被表示为一条从原点到某一点的线,其坐标由前两个轴的负载给定,样本被表示为一个点,其坐标为前两个轴的坐标值。根据所选择的比例变换,负载和/或坐标值需要乘以相应的特征值(Jolliffe,2002)。

P.182双标图中允许我们对哪些变量是相关的,哪些样本是相似的,样本是否对特殊变量表现出了较高(或较低)的值进行一些说明。这些说明是基

---

① 双标图是一种可以对多元统计方法,比如主成分分析、对应分析、冗余分析、典型相关分析等的结果进行可视化操作的工具。在 PCA 双标图中使用特殊的法则,我们就能得到原始变量之间的相关系数(或协方差),观察值之间的相关关系,观察值与变量之间的相关关系等。双标图中有很多种度量,我们依靠这些度量来对双标图进行解释。

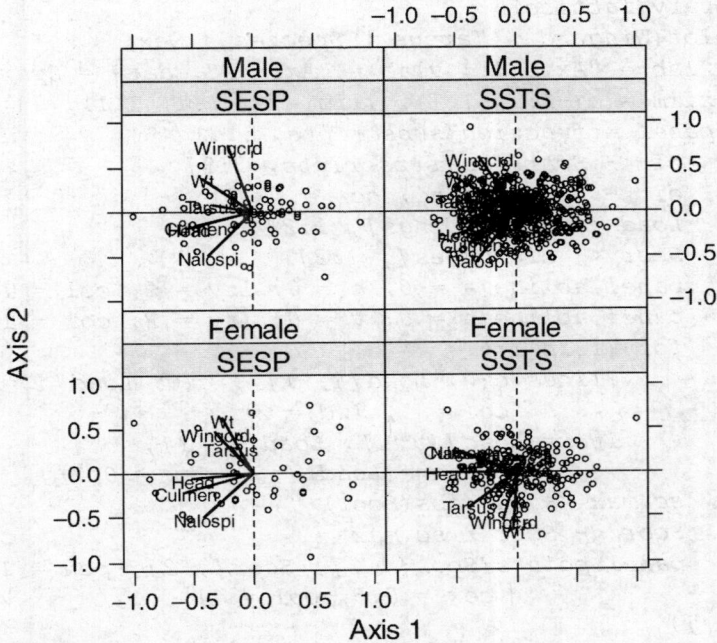

图 8.7 多面板主成分分析双标图。每个面板中的双标图都是通过对一个数据集应用 PCA（使用相关矩阵）得到的。SESP 和 SSTS 分别代表海边麻雀（*Ammodramus maritimus*）和盐沼尖锐尾麻雀（*Ammodramus caudacutus*）。从图中可以看到，nalospi，culmen 和 head measurements 是相互关联的，这是由于它们都是互相嵌套的子集的原因。另一方面，Wing length，mass 和 tarsus 都是鸟类结构大小的指标，所以它们也是相互关联的（如图中所示），但是和前三个参数并不是关联的

于线的方向和点的位置。当线的方向相似时，表示这些变量是正相关的，当线之间的夹角有 90 度时，代表这些变量有很小的相关性，当线的方向（几乎）相反时，代表这些变量是负相关的。点之间以及点与线之间的比较也是有一些准则的，有兴趣的读者可以参考前面提及的文献。

　　这里的样本麻雀可以被分为两种性别和两个物种（SESP 和 SSTS），以下是绘制图 8.7 的代码。

```
> setwd("C:/RBook")
> Sparrows <- read.table(file = "Sparrows.txt",
                         header = TRUE)
```

P.183

```
> library(lattice)
> xyplot(Wingcrd ~ Tarsus | Species * Sex,
      xlab = "Axis 1", ylab = "Axis 2", data = Sparrows,
      xlim = c(-1.1, 1.1), ylim = c(-1.1, 1.1),
      panel = function(subscripts, ...){
        zi <- Sparrows[subscripts, 3:8]
        di <- princomp(zi, cor = TRUE)
        Load <- di$loadings[, 1:2]
        Scor <- di$scores[, 1:2]
        panel.abline(a = 0, b = 0, lty = 2, col = 1)
        panel.abline(h = 0, v = 0, lty = 2, col = 1)
        for (i in 1:6){
            llines(c(0, Load[i, 1]), c(0, Load[i, 2]),
                    col = 1, lwd = 2)
            ltext(Load[i, 1], Load[i, 2],
                    rownames(Load)[i], cex = 0.7)}
        sc.max <- max(abs(Scor))
        Scor <- Scor / sc.max
        panel.points(Scor[, 1], Scor[, 2], pch = 1,
                    cex = 0.5, col = 1)
      })
```

　　对于 xlab,ylab 和 data 这些参数我们都是很熟悉了。代码式子中的第一部分,Wingcrd ~ Tarsus 给出了这个图的构架,选取这两个变量并没有什么特殊的原因,|符号后的这一部分代码是比较新的。以前,我们只使用过一个条件变量,但是在这个例子中却有两个条件变量,Species 和 Sex,这就导致图中靠下部分的两个面板显示的是雌鸟的数据,靠上部分的两个面板显示的是雄鸟的数据。我们还可以交换一下 Species 和 Sex 的位置来看看所发生的变化。注意到这两个变量在数据文件中都被定义为字符型,所以 R 自动地将它们作为因子来处理。

　　xlim 和 ylim 的取值需要一些统计解释,一个 PCA 的结果可以被缩放到使其数值信息(坐标)在图中的取值介于-1 和 1 之间。具体细节可以参考 Legendre 和 Legendre(1998)的著作。

　　在构造图形时,保证垂直方向与水平方向的间距一致也是很重要的,因为这样可以有效地避免图中各个线之间夹角的失真。

　　我们现在来处理一下代码中比较难的部分,面板函数。向量subscripts 自动包含了面板函数中所选数据的行数,这样我们就可以使用 Sparrows[subscripts,3:8] 命令来提取某个面板所需使用的数据,3:8表示变量 Wingcrd,Tarsus,Head,Culmen,Nalospi 和 Wt[1]。函数 princomp 的 P.184
作用是进行主成分分析,并且提取前两个轴的负载与坐标。两个 panel.
abline 函数的作用是绘制通过原点的轴。循环(见第 6 章)的作用是绘制
所有变量的线并添加标签,具体的工作由函数 llines 和 ltext 来完成。最
后,我们将所有的坐标值调节到−1 和 1 之间,并使用 panel.xyplot 函数
将其绘制成点。

这里结果所给出的双标图可以有效地显示由于性别与种群的差异不
同,形态变量之间相关性的不同。

这些代码可以很容易地被拓展为绘制冗余分析或者典型对应分析的
三标图(具体可参考 vegan 包中的 rda 函数和 cca 函数)。

关于 PCA,双标图和三标图更完整详细的内容可以参考 Jolliffe
(2002),Legendre 和 Legendre(1998),Zuur 等人(2007)的著作,或者其它
相关文献。

通过对温度的数据使用面板函数来完成 8.11 节的习题 6。

8.7 三维散点图、表面图和等高线图

对于绘制三个变量的图形,有时也称为三变量图示,一般使用 cloud,
levelplot,contourplot 和 wire frame 函数。本书认为,三维散点图并不
是经常有用的,但是它们看起来直观,给人印象深刻,所以我们在这里对其
进行一些简单地讨论。下面是一个关于 cloud 函数的示例,使用的数据是
荷兰的环境数据集,生成了一个三维散点图,用来表示叶绿素 a,盐度和温
度的关系。这里的代码是比较简单的,其结果图如图 8.8 所示。

```
> setwd("C:/RBook")
> Env <- read.table(file ="RIKZENV.txt", header = TRUE)
> library(lattice)
> cloud(CHLFa ~ T * SAL | Station, data = Env,
    screen = list(z = 105, x = -70),
    ylab = "Sal.", xlab = "T", zlab = "Chl. a",
    ylim = c(26, 33), subset = (Area=="OS"),
    scales = list(arrows = FALSE))
```

---

[1] 在第 2 章中我们给出了 Wingcrd,Tarsus,Head 和 Wt 的解释。Culmen 表示从长羽毛的尖端开始
喙顶部的长度,Nalospi 表示从喙顶部到鼻孔的距离。

P.185

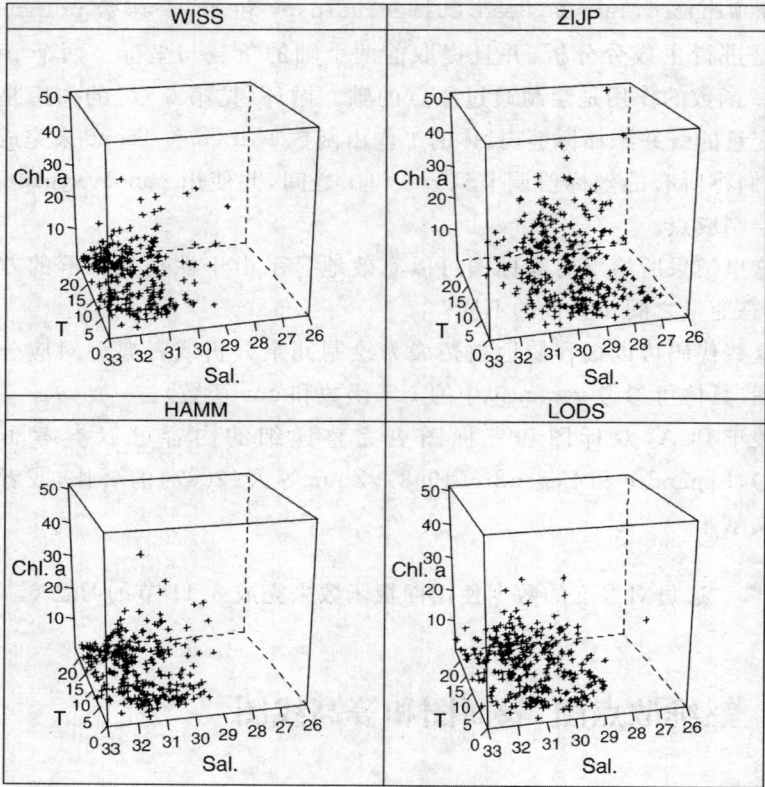

图 8.8　关于叶绿素 a，盐度和温度的三维散点图

函数 cloud 中使用了一些我们前面没有涉及的参数。选项 screen 指出相应坐标轴的旋转度数，arrows = FALSE 表示我们移除了一般三维图形中绘于坐标轴旁边用来指示坐标正方向的箭头。这样，坐标轴就有了刻度，这在默认情况下是没有的。这里将 y 轴的值限制在 26 到 33 之间。

函数 levelplot，contourplot 和 wireframe 可以用来绘制表面图，这方面通常涉及到使用统计函数来预测规则网格的值，这些内容并不是我们这本书的范围。关于这些函数的更多信息具体可以参考它们的帮助文件。

8.8　常见问题

在进行格绘图的时候，我们通常要更改很多设置，以下是一些常用的更改设置方法。

8.8.1 如何改变面板顺序？

默认情况下，面板是从左下角开始向右绘制，再依次向上。这种顺序 P.186 可以通过在高级格命令中设置 as.table = TRUE 来更改，改变后的面板顺序是从左上角开始向右绘制，然后再依次向下。

面板的顺序还可以通过将条件变量定义为一个因子，并且改变 factor 函数中的 level 选项来进行更改。图 8.9 所示的是夏威夷三个岛上三种鸟数量的多面板散点图，这个数据曾经在 Reed 等人（2007）的著作中被分析过。此图有一个问题，就是鸟的种类和岛是以任意的顺序排列的，这就使得在对照某个岛上鸟的数量或者某种鸟的数量时比较困难。

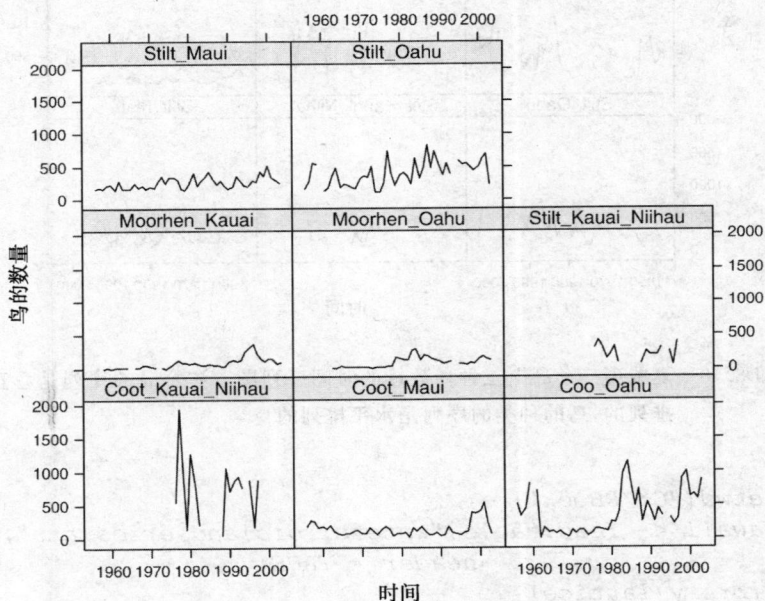

图 8.9 夏威夷三个岛上三种鸟数量的时间序列图

图 8.10 则不然，它的每一行代表一种鸟[①]，每一列代表一个岛[②]，这就使得在对照每种鸟的数量或者不同岛上鸟的数量时比较直观。那么，我们怎样才能绘制出这样的图形呢？

以下的代码实现了数据的载入，并且使用 as.matrix 和 as.vector 命令将八个序列连接成了一个单独的长向量。因为 as.vector 命令不能作用

[①] 原文为岛，似有误。——译者注
[②] 原文为鸟，似有误。——译者注

于数据框,所以 as.matrix 命令首先将数据框转化为一个矩阵,这样 as.
vector 命令就可以将其转化为一个长向量了。rep 函数的作用是生成一个
单独的长向量,这个向量中所包含的是将变量 Year 循环八次的结果。

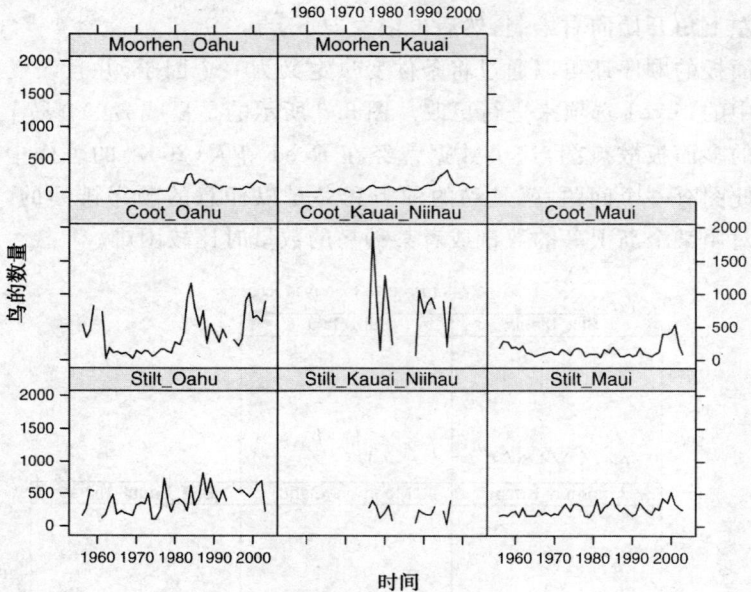

图 8.10　夏威夷三个岛上三种鸟数量的时间序列图。注意岛的序列是**垂直**
排列的,鸟的种类的序列是**水平**排列的

```
> setwd("C:/RBook")
> Hawaii <- read.table("waterbirdislandseries.txt",
                  header = TRUE)
> library(lattice)
> Birds <- as.vector(as.matrix(Hawaii[, 2:9]))
> Time <- rep(Hawaii$Year, 8)
> MyNames <- c("Stilt_Oahu", "Stilt_Maui",
          "Stilt_Kauai_Niihau","Coot_Oahu",
          "Coot_Maui", "Coot_Kauai_Niihau",
          "Moorhen_Oahu","Moorhen_Kauai")
> ID <- rep(MyNames, each = 48)
```

这里 rep 函数还被用来定义了一个单独的长向量 ID,此向量中每个名
字被重复了 48 次,因为每个时间序列的长度是 48 年(见第 2 章)。图 8.9
是使用如下我们所熟悉代码绘制的:

```
> xyplot(Birds ~ Time | ID, ylab = "Bird abundance",
       layout = c(3, 3), type = "l", col = 1)
```

layout 选项告诉了 R 将面板排列成 3 行 3 列,并用黑色的线连接相邻的点。

如果要改变这些面板的顺序,只需要改变因子 ID 的 levels 顺序就可以了: P.188

```
> ID2 <- factor(ID, levels = c("Stilt_Oahu",
       "Stilt_Kauai_Niihau", "Stilt_Maui",
       "Coot_Oahu", "Coot_Kauai_Niihau", "Coot_Maui",
       "Moorhen_Oahu", "Moorhen_Kauai"))
```

注意这里名称顺序的变化。重新运行一下前面的 xyplot 命令,但是要把 ID 改为 ID2,就能生成图 8.10 了。确定因子 ID2 的 levels 顺序(鸟/岛结合的名称)是需要不断地试验和更正的。

8.8.2 如何改变坐标轴的界限和刻度?

改变坐标轴上数值范围的最直接方法就是使用 xlim 和 ylim,但是,这样的结果是所有面板上 x 轴和 y 轴的界限都一样。scales 选项则是一个更加实用的方法,它可以用来定义刻度数,刻度线的位置和标签以及各个独立面板的刻度。

图 8.10 中不同面板时间序列的纵坐标范围是不同的,这是很显然的,因为一些种类的鸟的数量是明显高于其它种类的。然而,如果我们要比较这些序列关于时间的发展趋势,这些绝对的数值对于我们而言就没有多大价值了。此时,一种可选的方法就是将每个时间序列标准化,另一种方法就是对每个面板的 y 轴设置单独的范围,如下所示(在前面相应代码的后面输入这些代码):

```
> xyplot(Birds ~ Time|ID2, ylab = "Bird abundance",
       layout = c(3, 3), type = "l", col = 1,
       scales = list(x = list(relation = "same"),
                     y = list(relation = "free")))
```

可以看到,scales 选项包含了一个确定两个坐标轴属性的列表。在这个例子中,它指定所有面板的 x 轴具有相同的范围,但是每个面板纵轴的范围是根据相应的数据来确定的。其结果图如图 8.11 所示。

如果要改变刻度线的方向,使其在每个面板的里面,可以使用如下代码:

```
> xyplot(Birds ~ Time|ID2, ylab = "Bird abundance",
      layout = c(3, 3), type = "l", col = 1,
      scales = list(x = list(relation = "same"),
                    y = list(relation = "free"),
                    tck = -1))
```

tck = -1 是 scales 选项中的列表参数,还有很多像这样的 scales 参数,具体可见 xyplot 的帮助文件。·

P.189

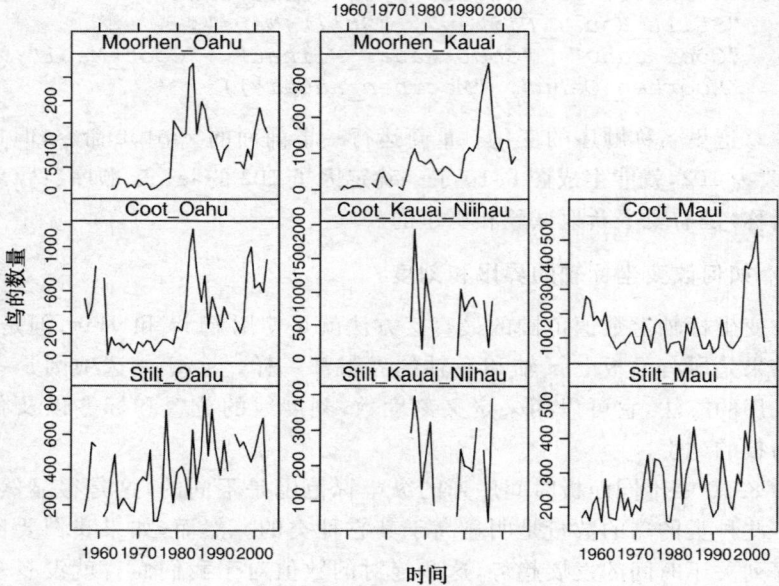

图 8.11   夏威夷三个岛上三种鸟数量的时间序列图。每个面板都有一个合适
         的坐标范围

8.8.3   在一个面板中绘制多条线

当所涉及的数据可以根据条件变量的不同水平进行分组时,我们就可以使用高级格函数 groups 来处理它。图 8.12 将同一种鸟的所有时间序列陈列在一个单独的面板中,其具体的绘制过程可由如下代码来完成。

```
> Species <- rep(c("Stilt", "Stilt", "Stilt",
                  "Coot", "Coot", "Coot",
                  "Moorhen", "Moorhen"), each = 48)
> xyplot(Birds ~ Time | Species,
      ylab = "Bird abundance",
      layout = c(2, 2), type = "l", col = 1,
      scales = list(x = list(relation = "same"),
```

```
                    y = list(relation = "free")),
    groups = ID, lwd = c(1, 2, 3))
```

代码中的第一个命令定义了一个向量 Species,用来识别哪些观察值都来源于哪些种类的鸟。然后使用带有 groups 选项的 xyplot 函数来将同一种鸟的时间序列绘制在一个单独面板中。选项 lwd 的作用是使用不同粗细程度的线来表示三个不同的岛。

P.190

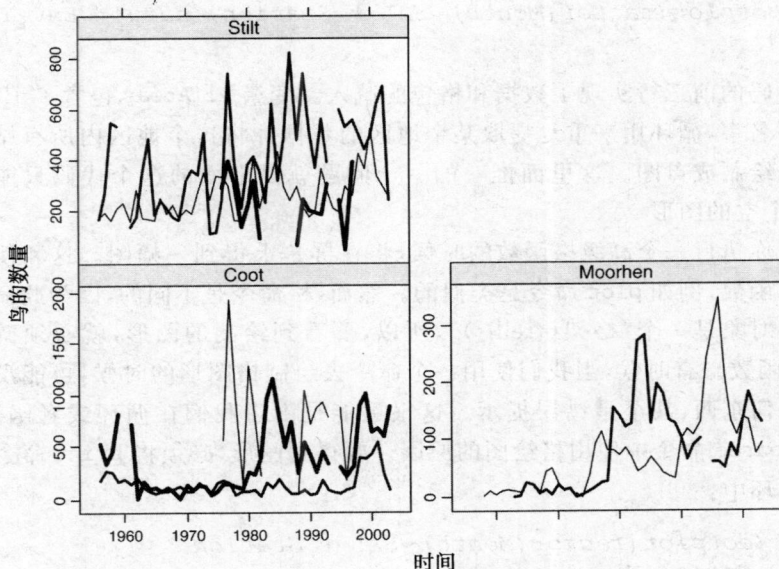

图 8.12　夏威夷各个岛上三种不同鸟类数量的时间序列图。同一种鸟的数量绘制在一个单独的面板中

对温度的数据使用 xyplot 函数来绘制多条线,完成 8.11 节的习题 7。

8.8.4　在循环中绘图 *

如果没有学习第 6 章,这一部分内容可以跳过去。回忆 8.2 节,其中涉及到了荷兰海岸线上一些站点的盐度数据序列。在 8.6.2 节中,我们绘制 OS 地区数据的克里夫兰点图(图 8.6),如果我们现在想要绘制所有 12 个地区的这种图形,一个办法就是将 8.6.2 节的代码重复地输入 12 遍,每一遍改变一下 subset 选项。然而,我们在第 6 章已经学过了利用循环来自动执行相似的绘图命令。这里与前面惟一的不同就是用 dotplot 命令替换了 plot 命令:

P.191
```
> setwd("C:/RBook")
> Env <- read.table(file ="RIKZENV.txt", header = TRUE)
> library(lattice)
> AllAreas <- levels(unique(Env$Area))
> for (i in AllAreas ){

    Env.i <- Env[Env$Area == i,]
    win.graph( )
    dotplot(factor(Month)~SAL | Station, data = Env.i)
    }
```

代码的前三行实现了数据和格包的载入。变量 AllAreas 包含了 12 个地区的名字，循环用来重复提取某个地区的数据并将这个地区内所有站点的数据绘制成点图。这里面惟一的一个问题就是上面的这个代码只能生成 12 个空的图形。

当你执行一个高级格函数的时候，将在屏幕上得到一幅图。这和使用普通的函数，例如 plot 命令是类似的。然而，格命令是不同的，因为此命令返回的对象是一个"格架（trellis）"，所以，要看到绘制的图形，就必须调用 print 函数。有时候，当我们使用一个命令去绘制格图形的时候，可能没有得到任何东西，甚至是错误提示。这很可能是由于我们在循环或者函数，或者 source 命令中使用格绘图的原因。要得到图形，必须将 print 命令嵌入到循环中：

```
print(dotplot(factor(Month)~SAL | Station,
      data = Env.i))
```

给代码加上 print 命令之后，重新运行一遍，将得到所要的 12 个图形。

8.8.5　更新图形

由于绘制一个格图形是很费时间的，尤其是当你对格比较陌生的时候，所以 update 函数是很有用的。格对象的很多属性都可以通过 update 函数来修改，因此我们首先需要把图形存储到一个对象中。这样做的另一个好处是当我们使用 update 命令来处理图形的时候，我们的原始图形是不会改变的，所以，命令

```
> MyPlot <- xyplot(SAL ~ MyTime | Station,
              type = "l", data = Env)
> print(MyPlot)
> update(MyPlot, layout = c(10, 3))
```

将以一个新的排列方式来绘制图形。可以看到，update 命令将自动地产生一个新的图形，而原始的对象 Myplot 是不会改变的。

8.9 还要学什么?

当你完成所有的习题之后,你将更深刻地体会到格图的好处与优势,并且你将会毫不犹豫的在你的研究工作、出版书籍和论文中使用它们。这 P.192 方面的进一步内容可以参考 Sarkar(2008)或者 Murrell(2006)。其它可供参考的资源还有 Sarkar(2008)的网页(http://Imdvr. r-forge. r-project. org)或者是 R 的帮助邮件列表。

8.10 我们学习了哪些 R 函数?

表 8.2 列出了本章所介绍的 R 函数。

表 8.2 本章所介绍的 R 函数

函 数	功 能	示 例
xyplot	绘制散点图	xyplot(y ~ x │ g,data = data)
histogram	直方图	histogram(~ x │ g,data = data)
bwplot	相当于箱线图	bwplot(y ~ x │ g,data = data)
dotplot	克里夫兰点图	dotplot(y ~ x │ g,data = data)
cloud	三维散点图	cloud(z ~ x * y │ g,data = data)

8.11 习题

习题 1. 使用demo(lattice)函数。

下载格包,通过键入 demo(lattice)来研究它的一些主要功能。然后键入? xyplot,复制并粘贴一些示例。

习题 2. 使用xyplot 函数处理温度数据。

绘制一个每个站点温度对时间的多面板散点图。直接能看出哪些东西? 每个区域的图形都一样吗? 出现了哪些错误,如何解决? 最后将每个面板中的点用光滑线连接并加上网格。

习题 3. 使用bwplot 函数处理温度数据。

绘制一个每个区域温度对月份的盒形图。将其与盐度数据的盒形图进行比较,阐述它们之间的不同点。

习题 4.　使用dotplot 函数处理盐度数据。

使用克里夫兰点图考察盐度数据中是否有更多的异常值，以每个站点作为一个面板，绘制所有站点的格图。将其与图 8.3 进行比较，它们的 y 轴范围有什么不同？在 xyplot 的帮助文件中查找参数 relation，并学习使用它。

习题 5.　使用密度绘图处理盐度数据。

将图 8.4 改为密度图，这样做是否是原图的一种改进？增加如下的参数：plot.points = "rug"。比较密度分布，如果你愿意将所有的线放在一个P.193单独的图形中，可以使用参数 groups，移除条件参数，增加 groups = station（见 8.8 节）。增加一个每个站点所对应线的说明，这需要高级编程设计（虽然有简单的解决办法），我们建议你参考我们的网页来寻找答案。

习题 6.　使用xyplot 函数处理温度数据。

参考 panel.linejoin 的帮助文件，生成一个类似于图 8.2 的图形，但是此时 y 轴表示温度。这和习题 3 是类似的，不同的是此时使用 panel.linejoin命令来连接中位数，而不是均值。注意小心处理数据中的空值，否则将不会得到结果。

习题 7.　使用xyplot 函数处理盐度数据。

绘制一个每个区域盐度，作为因变量，对时间的格散点图，使用参数 groups 来绘制不同站点所对应的线。

习题 8.　使用xyplot 函数处理温度数据。

在习题 2 中你曾绘制了每个区域的温度，作为因变量，对时间的格散点图。对区域"KZ"绘制一个类似的图形，使用小一点的点，并且使用 1/10 宽度的光滑线来连接相应的点。在面板的任意一侧增加一个带状，里面注明"地点 1"，"地点 2"等等，并加上 x 轴、y 轴的标签和图形的标题。

习题 9.　使用xyplot 函数处理盐度数据。

以区域作为条件变量，绘制一个盐度对时间的多面板散点图，其中每个区域中使用不同的线（不是点）来代表不同的站点。确保面板的陈列方式为两列，对每个面板的 x 轴使用同样的范围，而 y 轴使用不同的范围，将 y 轴的刻度限制为三到四个，x 轴限制为四个，并将刻度放在标签之间。移除图形顶部的刻度（和标签），使它们仅出现在图形的底部。减小带状中文本的尺寸和带状的高度，增加合适的网格（根据刻度）和 x 轴，y 轴的标签。改变面板的顺序，使其以字母顺序从左上到右下依次排列。

习题 10. 使用xyplot 函数处理 ISIT 数据。

针对 ISIT 数据（见第 1 章），绘制每个站点资源（sources）对深度（depth）的多面板散点图。再绘制一个多面板图，其中所有站点的数据样本是按照季节来分类的（见 3.7 节习题 4），每个面板（代表一个季节）中应该有多条线。

第 9 章

常见的 R 错误

在我们的 R 课程期间,下面的内容讲述了如何避免一些常见的错误。

9.1 载入数据的问题

9.1.1 源文件里的错误

第 2 章里我们介绍了把数据载入到 R 的代码。第一个主要的任务是确保电子数据表(或 ascii 文件)是准备充分的。不要在变量名称间使用空格或者包含空白单元。出错信息的输出如第 2 章所示,这里不再重述。

如果你的列的名称是表格 *Delphinus delphi* 中的物种名称,把它称为 *Delphinus.delphi* 即两个名称中间有一个点,*Delphinus_delphi*(下划线),或者更好的,短一些的,比如 *Delphi*。

9.1.2 小数点或者逗号分隔符

另外一个潜在的缺陷是小数分隔符的使用:逗号或点。我们经常分组讲授,让一些参与者使用点分隔符计算,剩余的使用逗号分隔符。在第 2 章,我们示范了使用 `read.table` 函数里的 dec 选项设置分隔符的类型。载入数据以后,总是使用 `str` 函数证实这些载入数据是否是你所要的。如果你使用错误的 dec 选项载入数据,R 将会接受它而不给出错信息。当你之后使用这些数据时将会出现困难,例如,生成盒形图或者对连续变量取均值时,由于使用了错误的 dec 选项,将会把该变量错误地载入为分类变量。

　　该问题可能比较复杂,事实上错误并不总是显而易见的,因为你有时可能使用错误的小数分隔符而侥幸成功。在接下来的例子中,前两行命令载入第 6 章使用的鳕鱼寄生虫数据。请注意我们在 read.table 函数里使 P.196 用 dec = ","选项,尽管包含数据的 ascii 文件使用小数点分隔符。

```
> setwd("c:/RBook/")
> Parasite <- read.table(file = "CodParasite.txt",
            header = TRUE, dec = ",")
```

　　str 函数显示载入的数据:

```
> str(Parasite)
'data.frame' : 1254 obs. of 11 variables:
$Sample     : int 1 2 3 4 5 6 7 8 9 10 ...
$Intensity  : int 0 0 0 0 0 0 0 0 0 0 ...
$Prevalence : int 0 0 0 0 0 0 0 0 0 0 ...
$Year       : int 1999 1999 1999 1999 1999 ...
$Depth      : int 220 220 220 220 220 220 220 ...
$Weight     : Factor w/ 912 levels "100",..: 159...
$Length     : int 26 26 27 26 17 20 19 77 67 ...
$Sex        : int 0 0 0 0 0 0 0 0 0 0 ...
$Stage      : int 0 0 0 0 0 0 0 0 0 0 ...
$Age        : int 0 0 0 0 0 0 0 0 0 0 ...
```

　　Length 被正确地载入为整数,但是 Weight 被认为是分类变量。这是因为一些重量的值写成了小数(例如,148.0),而文件中的其它变量都被编码为整数。这意味着下面的命令能正常工作。

```
> mean(Parasite$Intensity, na.rm = TRUE)
[1] 6.182957
> boxplot(Parasite$Intensity) #Result not shown here
```

　　然而,对 Weight 键入同样的代码会给出错误信息:

```
> mean(Parasite$Weight)
[1] NA
Warning message:
In mean.default(Parasite$Weight): argument is not numeric
or logical: returning NA

> boxplot(Parasite$Weight)

Error in oldClass(stats) <- cl: adding class "factor" to
an invalid object
```

　　如果你使用 Weight 作为线性回归里的一个变量,你可能会惊奇它会需 P.197

要大量的回归参数；Weight 作为分类变量自动进行拟合。使用 Intensity 求均值并生成盒形图是正确的只是偶然的情况；如果它包含小数值，也会出现同样的错误信息。

9.1.3　目录名

当载入数据的目录名包含非英语字母符号，比如 ä 或其它更多的符号时，将会出现问题。如果你使用的数据集是同事使用别的语言系统处理的，那么这种语言问题是难以解决的。奇怪的是，问题不会发生在所有的计算机上。建议保持目录结构尽量简单并避免使用让你的计算机看起来比较"奇怪的"的文件和目录名字符。

9.2　绑定苦恼

当讲授课程时，我们面临一个困难的选择，是否讲授使用 attach 函数快速并简单地访问一个数据框里的变量，或者让参与者通过额外的 R 代码使用 data 参数（当可利用时），或者讲授使用 $ 符号。这是一个稍有争议的地方，因为一些权威人士认为 attach 函数绝对不能使用，而另外一些人的书里经常使用该函数（例如，Wood，2006）。当我们使用单个的数据集时，我们使用 attach 命令，因为它更方便。然而，这里有一些规则必须遵守，因为我们看到许多 R 新手经常破坏这些规则。

9.2.1　输入相同的attach命令两次

当在 R 里运行一个包含 attach 命令的程序代码时，发现程序的一个错误，修改了该错误，并继续重新运行这一整段代码时，会出现使用 attach 函数最常发生的问题。这里有一个例子：

```
> setwd("c:/RBook/")
> Parasite <- read.table(file = "CodParasite.txt",
                     header = TRUE)
> attach(Parasite)
> Prrrarassite
Error: object "Prrrarassite" not found
```

因为我们拼错了 *Parasite*，R 给出了一个出错信息。最明显的反应是更正输入错误并重试一次。然而，如果我们在文本编辑器里（比如，Tinn-R）改正了错误并重新发送，或者把所有代码复制到 R 里（其中包括 attach 命令），将会出现以下结果。

```
> setwd("c:/RBook/")
> Parasite <- read.table(file = "CodParasite.txt",
                header = TRUE)
> attach(Parasite)
The following object(s) are masked from Parasite (posi-
tion 3):
Age Area Depth Intensity Length Prevalence Sample Sex
Stage Weight Year
```

在这一点上参考 attach 函数的帮助文件是非常有用的。也就是说该函数把数据框 Parasite 添加到搜索路径上，因此，在数据框里的变量可以直接访问而不用使用 $ 符号。然而，如果我们绑定数据框两次，则我们对每个变量生成了两个可利用的副本。如果我们进行修改，例如，修改 Length，并且在后来的线性回归分析里使用 Length，我们没有办法确保使用的是正确的值。

另外一种可供选择的方法是在重新运行 attach 前使用 detach 函数（下面的代码假设我们还没有使用 attach 函数）：

```
> setwd("c:/RBook/")
> Parasite <- read.table(file = "CodParasite.txt",
                header = TRUE)
> attach(Parasite)
```

我们现在开始编程，取消数据框 Parasite 的绑定，使用：

```
> detach(Parasite)
```

另一个避免使用的程序是在 for 循环里每次重复绑定一个数据框，因为这将生成一个很大的搜索路径最终会使你的电脑速度减慢。with 函数的帮助文件里也提供了一个可以替代 attach 函数的方法。

9.2.2 绑定包含同一个变量名称的两个数据框

假定我们载入鳕鱼寄生虫数据和鱿鱼数据并利用 attach 函数使两个数据框里的变量可用，使用下面的代码。

P.199

```
> setwd("c:/RBook/")
> Parasite <- read.table(file = "CodParasite.txt",
                header = TRUE)
> Squid <- read.table(file = "Squid.txt", header=TRUE)
> names(Parasite)
[1] "Sample"    "Intensity"    "Prevalence"    "Year"
[5] "Depth"     "Weight"       "Length"        "Sex"
[9] "Stage"     "Age"          "Area"
```

```
> names(Squid)

[1] "Sample" "Year" "Month" "Location" "Sex"
[6] "GSI"

> attach(Parasite)
> attach(Squid)

The following object(s) are masked from Parasite:
Sample Sex Year

> boxplot(Intensity ~ Sex)

Error in model.frame.default(formula=Intensity ~ Sex):
variable lengths differ (found for 'Sex')

> lm(Intensity ~ Sex)

Error in model.frame.default(formula = Intensity ~ Sex,
drop.unused.levels = TRUE): variable lengths differ
(found for 'Sex')
```

　　前三个命令载入数据。两个 names 函数显示两个数据框都包含变量 Sex。我们使用 attach 函数使两个数据框里的变量可用。为了看这个效果,我们基于条件 Sex 生成 Intensity 数据的盒形图。boxplot 函数给出了出错信息显示向量 Intensity 和 Sex 长度不一致。这是因为 R 使用 Parasite 数据框里的 Intensity,但 Sex 来自 Squid 数据框。想象一下如果,偶然地,这两个变量具有相同的维数将会发生什么:我们将会建立来自巴伦支海的鳕鱼寄生虫数作为来自北海的鱿鱼性别效应的模型!

9.2.3　绑定一个数据框并演示数据

　　许多统计教材带一个包,该包里包含书本里使用的数据集,例如,Venables 和 Ripley(2002)的 MASS 包,Pinheiro 和 Bates(2000)的 nlme 包,Wood(2006)的 mgcv 包,以及其它的一些包。使用这样的包的经典方法是读者访问某个函数的帮助文件,找到帮助文件底部的例子,复制并运行这些代码观察发生了什么。多数情况下,帮助文件里的代码使用 data 函数从包里载入一个数据集,或者该代码使用随机数发生器生成一个变量。我们已经看到了包括 attach 和 detach 函数的帮助文件的例子。当使用这些时忘记复制整个代码的情况并不少见;detach 命令可能会被遗漏,而只剩下 attach 函数在起作用。一旦你理解了使用示例函数,你可以尝试你自己的数据。如果你已经对你的数据使用了 attach 函数,你可以按照上一节所述的情况结束该函数。

　　如果利用 data 函数载入的示例数据与你自己的数据文件有一些相同

的变量名称,也可能会发生问题。

一般情况下与 attach 函数有关的信息应该小心,并使用清晰和唯一的变量名称。

9.2.4 当使用attach 函数后改变数据框

下面的例子是我们遇见的常规情形。通常情况下,我们的课程参与者拥有多本 R 图书,它们推荐不同的 R 风格。例如,一本书可能使用 attach 函数,而另外一本使用更复杂的方法访问一个数据框的变量。有时混淆编程风格可能出现问题,可以从下面的例子看出。

```
> setwd("c:/RBook/")
> Parasite <- read.table(file = "CodParasite.txt",
                  header = TRUE)
> Parasite$fSex <- factor(Parasite$Sex)
> Parasite$fSex
 [1] 0 0 0 0 0 0 0 0 0 0 0 0 0 0 0 0 0 0 0 0
[21] 0 0 0 0 0 0 0 0 0 0 0 0 0 0 0 0 0 2 1 1 1
 ...
> attach(Parasite)
> fSex
 [1] 0 0 0 0 0 0 0 0 0 0 0 0 0 0 0 0 0 0 0 0
[21] 0 0 0 0 0 0 0 0 0 0 0 0 0 0 0 0 0 2 1 1 1
 ...
> Parasite$fArea <- factor(Parasite$Area)
> fArea
Error: object "fArea" not found
```

在前面三行,数据被载入并在数据框 Parasite 里生成一个新的分类变 P.201
量 fSex。然后我们通过 attach 函数使数据框里的所有变量可以使用,这样,我们可以通过简单的输入访问 fSex 变量。数值输出结果显示这是成功的。如果我们继续决定把 Area 转换成数据框里一个新的分类变量 fArea,我们会遇到一个问题。我们不能通过在控制台输入它的名称访问该变量(见出错信息)。这是因为 attach 函数已经执行,后来再添加变量到 Parasite 是不可用的。可能的解决方法是:

1. 取消数据框 Parasite 的绑定,把 fArea 添加到数据框 Parasite,并重新绑定。
2. 在使用 attach 函数前定义 fArea。
3. 在数据框外定义 fArea。

9.3   非绑定苦恼

除了 attach 函数,还有其它很多可以利用的选项访问数据框里的变量。在第 2 章我们已经讨论了使用 data 参数和 $ 符号。在后一种情形下,我们可以使用

```
> setwd("c:/RBook/")
> Parasite <- read.table(file = "CodParasite.txt",
               header = TRUE)
> M0 <- lm(Parasite$Intensity ~
          Parasite$Length * factor(Parasite$Sex))
```

前两行载入鳕鱼寄生虫数据。后两行应用线性回归模型,这里建立 Intensity 作为长度和性别的函数的模型。这里我们不讨论线性回归或者它的输出。知道这个函数有预期的效果就足够了;输入 summary(M0)观察输出结果。请注意我们使用 Parasite $ 符号访问数据框 Parasite 里的变量(见第 2 章)。下面的两行命令载入 nlme 包并利用广义最小二乘函数 gls(Pinheiro and Bates,2002)使用线性回归方法。

```
> library(nlme)
> M1 <- gls(Parasite$Intensity ~
           Parasite$Length * factor(Parasite$Sex))
Error in eval(expr, envir, enclos): object "Intensity"
not found
```

P.202 使用 lm 和 gls 函数得到的结果应该是相同的,然而 R(无论使用的是什么版本)对于后者给出了出错信息。解决的方法是在 gls 函数里使用 data 参数并避免使用 Parasite $ 符号。

9.4   零的对数

下面的代码看起来是正确的。载入鳕鱼寄生虫数据并在变量 Intensity 里对寄生虫数目使用对数变换。

```
> setwd("c:/RBook/")
> Parasite <- read.table(file = "CodParasite.txt",
               header = TRUE)
> Parasite$LIntensity <- log(Parasite$Intensity)
```

这里没有出错信息,但是,如果我们用对数变换后的值生成盒形图,问题就会变得明显;见图 9.1 里左边的盒形图。困难的出现是因为一些鱼有

零个寄生虫,并且零的对数没有定义,可以从检查的值里看出:

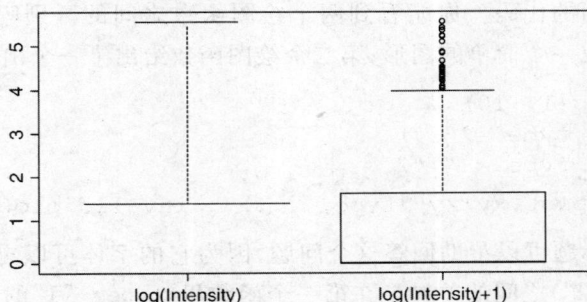

图 9.1 Intensity 对数变换后的盒形图(左边)和为了避免零的对数,强度加上常数值 1 后的对数变换的盒形图(右边)

```
> Parasite$LIntensity
 [1]    -Inf      -Inf      -Inf      -Inf      -Inf
 [6]    -Inf      -Inf      -Inf      -Inf      -Inf
[11]    -Inf      -Inf      -Inf      -Inf      -Inf
...
[1246] 4.0073332 4.3174881 4.4308168 4.4886364
[1251] 4.6443909 4.8283137 4.8520303 5.5490761
```

对变量 LIntensity 进行线性回归将出现相当吓人的错误信息:

```
> M0 <- lm(LIntensity ~ Length * factor(Sex),
          data = Parasite)
```

P.203

```
Error in lm.fit(x, y, offset  = offset, singular.ok =
singular.ok,...): NA/NaN/Inf  in foreign function call
(arg 4)
```

解决的方法是对 Intensity 数据加上一个小的常数,例如,1。请注意在统计学界关于增加一个较小的值仍有争议。虽然如此,可是在 R 里计算时你不能使用零的对数。下面的代码添加一个常数并画出图 9.1 里右侧显示的盒形图。

```
> Parasite$L1Intensity <- log(Parasite$Intensity + 1)
> boxplot(Parasite$LIntensity, Parasite$L1Intensity,
      names = c("log(Intensity)", "log(Intensity+1)"))
```

再次重申,你不能对零取对数!

9.5   各种错误

本节,我们给出一些常见的琐碎的错误。

9.5.1　1 和 l 之间的区别

观察下面的代码。你能看到两个绘图函数之间的区别吗？第一个是正确的并生成一个简单的图形；第二个绘图函数给出了一个出错信息。

```
> x <- seq(1, 10)
> plot(x, type = "l")
> plot(x, type = "1")
Error in plot.xy(xy, type, ...) : invalid plot type '1'
```

本节的标题可以帮助回答这个问题，因为它的字体可以更清楚地显示 1（一）和 l（"ell"）之间的差异。在第一个函数里，type = "l" 的 l 代表线，然而在第二个绘图函数里，符号 type = "1" 是数字 1（这是 R 的语法错误）。如果该文本在教室安装的屏幕里放映，是很难观察到 l 和 1 的区别的。

9.5.2　0 色彩

P.204 　　假定你想生成鳕鱼寄生虫数据里变量 Depth 的克里夫兰散点图并观察已抽样的鱼的深度变化（图 9.2A）。所有的鱼来自 50～300 米的深度。除了寄生虫数量，我们还有一个变量，流行，它表示一个鱼有（1）或者没有（0）寄生虫。把这个信息添加到克里夫兰点图是有意义的，例如，用不同的颜色表示流行。如面板 B 所示。我们使用的代码如下（假设数据用上一节描述的方法已经载入）。

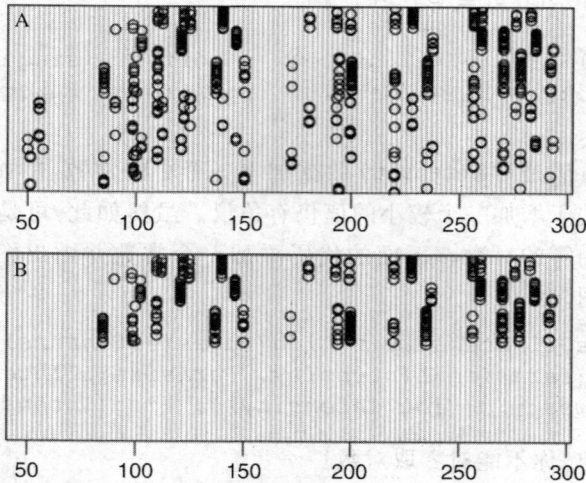

图 9.2　**A:**深度的克里夫兰点图。横坐标表示深度，纵坐标表示从文本文件载入的观察值的顺序。**B:**与面板 A 相同，点的颜色是基于 Prevalence 的值

```
> par(mfrow = c(2, 1), mar = c(3, 3, 2, 1))
> dotchart(Parasite$Depth)
> dotchart(Parasite$Depth, col = Parasite$Prevalence)
```

我们遇到一个问题,一些点消失了。这是因为我们在 col 选项里使用的变量值等于零,它表示没有颜色。使用 col = Parasite $ Prevalence + 1 是一个较好的选择,或者使用一个合适的色彩定义一个新的变量。

9.6 错误地保存 R 空间

最后,但并非最不重要的,我们处理由于错误地保存空间引起的问题。假设你已经载入了第 7 章使用的猫头鹰数据:

```
> setwd("C:/RBook/")
> Owls <- read.table(file = "Owls.txt", header= TRUE)
```

为了观察工作空间里有哪些变量可以使用,输入: P.205

```
> ls()
[1] "Owls"
```

ls 命令给出所有对象的列表(在一个长期的工作时间后,你可能有很多对象)。

现在你决定退出 R 并点击**文件->退出**(**File -> Exit**)。出现了图9.3所示的窗口。我们一贯建议选择“否(No)”,不保存,当你希望再次执行该工作时从文本编辑器(例如,Tinn-R)重新运行该脚本代码。保存工作空间的唯一的原因是运行计算过于费时。保存大量的工作空间很容易的,但它们的内容则是完全未知。与此相反,脚本代码是可以记录的。

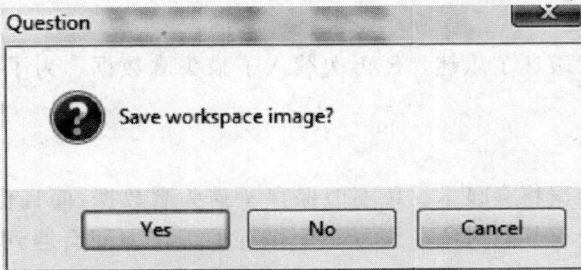

图 9.3 在关闭 R 前询问用户是否保存工作空间的窗口

然而,假设你点击“是”。这种处理是容易的。目录 C:/RBook 将包含一个扩展名为. RData 的文件。打开 Windows 资源管理器,浏览该工作目录(这种情况下是 C:/RBook)并删除带有大的蓝色 R 图标的文件。

事情可能会更有问题,如果没有使用 setwd 命令,你输入

```
> Owls <- read.table(file = "C:/RBook/Owls.txt",
                     header = TRUE)
```

现在如果你退出,保存工作空间,当 R 再次重启时将会出现下列文本。

P.206
```
R version 2.7.2 (2008-08-25)
Copyright (C) 2008 The R Foundation for Statistical
Computing
ISBN 3-900051-07-0
R is free software and comes with ABSOLUTELY NO WARRANTY.
You are welcome to redistribute it under certain condi-
tions.
Type 'license()' or 'licence()' for distribution
details.
  Natural language support but running in an English
locale
R is a collaborative project with many contributors.
Type 'contributors()' for more information and
'citation()' on how to cite R or R packages in publica-
tions.
Type 'demo()' for some demos, 'help()' for on-line help,
or
'help.start()' for an HTML browser interface to help.
Type 'q()' to quit R.
[Previously saved workspace restored]
>
```

最后一行破坏了乐趣。R 再次载入了猫头鹰数据。为了进行证实,输入:

```
> Owls
```

猫头鹰数据将会显示。R 不但保存了猫头鹰数据,而且也保存了前面章节生成的所有其它对象。恢复一个保存的工作空间会遇到与 attach 相同的困难(你没有意识到使用的变量和数据框已经被载入)。

为了解决这个问题,一个最简单的选择是清除工作空间(也可见第 1 章):

```
> rm(list = ls(all = TRUE))
```

现在退出 R 并保存(空的)工作空间。另一种方法是找到.RData 文件并手动从 Windows 资源管理器里删除它。在我们的电脑里(使用 VISTA),它位于目录:C:/Users/UserName 里。网络计算机和 XP 系统的计算机保存用户信息时可能会有不同的设置。最好的简单做法是避免保存工作空间。

参考文献

Barbraud C, Weimerskirch H (2006) Antarctic birds breed later in response to climate change. *Proceedings of the National Academy of Sciences of the USA* 103: 6048–6051.

Bivand RS, Pebesma EJ, Gómez-Rubio V (2008) *Applied Spatial Data Analysis with R*. Springer, New York.

Braun J, Murdoch DJ (2007) *A First Course in Statistical Programming with R*. Cambridge University Press, Cambridge.

Chambers JM, Hastie TJ (1992) *Statistical Models in S*. Wadsworth & Brooks/Cole Computer Science Series. Chapman and Hall, New York.

Claude J (2008) *Morphometrics with R*. Springer, New York.

Cleveland WS (1993) *Visualizing Data*, Hobart Press, Summit, NJ, 360 pp.

Crawley MJ (2002) *Statistical Computing. An Introduction to Data Analysis Using S-Plus*. Wiley, New York.

Crawley MJ (2005) *Statistics. An Introduction Using R*. Wiley, New York.

Crawley MJ (2007) *The R Book*. John Wiley & Sons, Ltd., Chichester.

Cruikshanks R, Laursiden R, Harrison A, Hartl MGH, Kelly-Quinn M, Giller PS, O'Halloran J (2006) *Evaluation of the use of the Sodium Dominance Index as a Potential Measure of Acid Sensitivity (2000-LS-3.2.1-M2) Synthesis Report*, Environmental Protection Agency, Dublin, 26 pp.

Dalgaard P (2002) *Introductory Statistics with R*. Springer, New York.

Everitt BS (2005) *An R and S-Plus Companion to Multivariate Analysis*. Springer, London.

Everitt B, Hothorn T (2006) *A Handbook of Statistical Analyses Using R*. Chapman & Hall/ CRC, Boca Raton, FL.

Faraway JJ (2005) *Linear Models with R*. Chapman & Hall/CRC, FL, p 225.

Fox J (2002) *An R and S-Plus Companion to Applied Regression*. Sage Publications, Thousand Oaks, CA.

Gentleman R, Carey V, Huber W, Irizarry R, Dudoit S, editors (2005) *Bioinformatics and Computational Biology Solutions Using R and Bioconductor*. Statistics for Biology and Health. Springer-Verlag, New York.

Gillibrand EJV, Bagley P, Jamieson A, Herring PJ, Partridge JC, Collins MA, Milne R, Priede IG (2006) Deep Sea Benthic Bioluminescence at Artificial Food falls, 1000 to 4800 m depth, in the Porcupine Seabight and Abyssal Plain, North East Atlantic Ocean. *Marine Biology* 149: doi: 10.1007/s00227-006-0407-0

Hastie T, Tibshirani R (1990) *Generalized Additive Models*. Chapman and Hall, London.

Hemmingsen W, Jansen PA, MacKenzie K (2005) Crabs, leeches and trypanosomes: An unholy trinity? Marine Pollution Bulletin 50(3): 336–339.

Hornik K (2008) The R FAQ, http://CRAN.R-project.org/doc/FAQ/

Jacoby WG (2006) The dot plot: A graphical display for labeled quantitative values. *The Political Methodologist* 14(1): 6–14.

Jolliffe IT (2002) *Principal Component Analysis*. Springer, New York.

Keele L (2008) *Semiparametric Regression for the Social Sciences*. Wiley, Chichester, UK.

Legendre P, Legendre L (1998) *Numerical Ecology* (2nd English edn). Elsevier, Amsterdam, The Netherlands, 853 pp.

Lemon J, Bolker B, Oom S, Klein E, Rowlingson B, Wickham H, Tyagi A, Eterradossi O, Grothendieck G, Toews M, Kane J, Cheetham M, Turner R, Witthoft C, Stander J, Petzoldt T (2008) Plotrix: Various plotting functions. R package version 2.5.

Loyn RH (1987) Effects of patch area and habitat on bird abundances, species numbers and tree health in fragmented Victorian forests. In: Saunders DA, Arnold GW, Burbidge AA, Hopkins AJM (eds) *Nature Conservation: The Role of Remnants of Native Vegetation*. Surrey Beatty & Sons, Chipping Norton, NSW, pp. 65–77.

Magurran, AE (2004) *Measuring Biological Diversity*. Blackwell Publishing, Oxford, UK.

Maindonald J, Braun J (2003) *Data Analysis and Graphics Using R* (2nd edn, 2007). Cambridge University Press, Cambridge.

Mendes S, Newton J, Reid R, Zuur A, Pierce G (2007) Teeth reveal sperm whale ontogenetic movements and trophic ecology through the profiling of stable isotopes of carbon and nitrogen. Oecologia 151: 605–615.

Murrell P (2006) *R Graphics*. Chapman & Hall/CRC, Boca Raton, FL.

Nason GP (2008) *Wavelet Methods in Statistics with R*. Springer, New York.

Oksanen J, Kindt R, Legendre P, O'Hara B, Simpson GL, Solymos P, Stevens MHH, Wagner H (2008) Vegan: Community Ecology Package. R package version 1.15-0. http://cran.r-project.org/, http://vegan.r-forge.r-project.org/

Originally Michael Lapsley and from Oct 2002, Ripley BD (2008) RODBC: ODBC Database Access. R package version 1.2-4.

Pinheiro J, Bates D, DebRoy S, Sarkar D and the R Core Team (2008) nlme: Linear and nonlinear mixed effects models. R package version 3.1-88.

R-Core Members, Saikat DebRoy, Roger Bivand and Others: See Copyrights File in the Sources (2008) Foreign: Read Data Stored by Minitab, S, SAS, SPSS, Stata, Systat, dBase, ... R package version 0.8-25.

Lemon J, Bolker B, Oom S, Klein E, Rowlingson B, Wickham H, Tyagi A, Eterradossi O, Grothendieck G, Toews M, Kane J, Cheetham M, Turner R, Witthoft C, Stander J and Petzoldt T (2008). plotrix: Various plotting functions. R package version 2.5.

Pinheiro J, Bates D (2000) *Mixed Effects Models in S and S-Plus*. Springer-Verlag, New York, USA.

Quinn GP, Keough MJ (2002) *Experimental Design and Data Analysis for Biologists*. Cambridge University Press, Cambridge.

R Development Core Team (2008) *R: A Language and Environment for Statistical Computing*. R Foundation for Statistical Computing, Vienna, Austria. ISBN 3-900051-07-0, URL http://www.R-project.org

Reed JM, Elphick CS, Zuur AF, Ieno EN, Smith GM (2007) Time series analysis of Hawaiian waterbirds. In: Zuur AF, Ieno EN, Smith GM (eds) *Analysing Ecological Data GM*. Springer, New York.

Roulin A, Bersier LF (2007) Nestling barn owls beg more intensely in the presence of their mother than their father. Animal Behaviour 74: 1099–1106.

Sarkar D (2008) *Lattice: Lattice Graphics*. R package version 0.17-2

Shumway RH, Stoffer DS (2006) *Time Series Analysis and Its Applications with R Examples*. Springer, New York.

Sikkink PG, Zuur AF, Ieno EN, Smith GM (2007) Monitoring for change: Using generalised least squares, non-metric multidimensional scaling, and the Mantel test on western Montana grasslands. In: Zuur AF, Ieno EN, Smith GM (eds) *Analysing Ecological Data GM*. Springer, New York.

Spector P (2008) *Data Manipulation with R*. Springer, New York.

Venables WN, Ripley BD (2002) *Modern Applied Statistics with S* (4th edn). Springer, New York. ISBN 0-387-95457-0

Verzani J (2005) *Using R for Introductory Statistics*. CRC Press, Boca Raton.

Vicente J, Höfle U, Garrido JM, Fernández-de-Mera IG, Juste R, Barralb M, Gortazar C (2006) Wild boar and red deer display high prevalences of tuberculosis-like lesions in Spain. Veterinary Research 37: 107–119.

Wood SN (2006) *Generalized Additive Models: An Introduction with R*. Chapman and Hall/ CRC, NC.

Zar JH (1999) *Biostatistical Analysis* (4th edn). Prentice-Hall, Upper Saddle River, USA.

Zuur AF, Ieno EN, Smith GM (2007) *Analysing Ecological Data*. Springer, New York, 680p.

Zuur AF, Ieno EN, Walker NJ, Saveliev AA, Smith G (2009) *Mixed Effects Models and Extensions in Ecology with R*. Springer, New York.

索 引

注意:加粗的条目表示命令/函数/参数(位于索引词条中文后面的数字是英文原书的页码,此页码排在正文每页的版心外)。